SITUATION AGRICOLE

DU

CANTON DE LAMARCHE

(VOSGES)

BIOGRAPHIE SUCCINCTE

DES PRINCIPALES ILLUSTRATIONS DE CE CANTON

PAR

Edouard BÉCUS

AGRONOME A NANCY, MEMBRE CORRESPONDANT DE LA SOCIÉTÉ D'ÉMULATION
DES VOSGES

(Spécimen de statistique cantonale ou communale dédié
à la Société d'émulation des Vosges à l'usage des
écoles de l'arrondissement de Neufchâteau.)

ÉPINAL

DURAND LIBRAIRE-ÉDITEUR

RUE DU COLLÈGE

1883

SITUATION AGRICOLE

DU

CANTON DE LAMARCHE

(VOSGES)

Nancy, imp. Saint-Epvre. — Fringnel et Guyot.

SITUATION AGRICOLE

DU

CANTON DE LAMARCHE

(VOSGES)

BIOGRAPHIE SUCCINCTE

DES PRINCIPALES ILLUSTRATIONS DE CE CANTON

PAR

Edouard BÉCUS

AGRONOME A NANCY, MEMBRE CORRESPONDANT DE LA SOCIÉTÉ D'ÉMULATION
DES VOSGES

**(Spécimen de statistique cantonale ou communale dédié
à la Société d'émulation des Vosges à l'usage des
écoles de l'arrondissement de Neufchâteau.)**

ÉPINAL
DURAND LIBRAIRE-ÉDITEUR
RUE DU COLLÈGE
—
1883

AVANT-PROPOS

La partie des Vosges que nous avons voulu décrire et pour laquelle nous avons établi cette petite statistique, est formée par le canton de Lamarche, arrondissement de Neufchâteau, la contrée la plus méridionale du département, la plus productive ; sans doute à la condition d'être bien cultivée.

Lamarche est le point le plus élevé de l'arrondissement, à 407 m. au-dessus du niveau de la mer. La tête haute, appelée côte St.-Étienne, est à 504 m. d'altitude, tandis que le point le plus bas est à 300 m. seulement, c'est Châtillon-sur-Saône.

En faisant ce petit travail, notre but a été de présenter un exposé de la situation agricole de chaque commune de ce canton, pour ouvrir l'intelligence des enfants, au point de vue de l'agriculture, et leur faire connaître en même temps, par certaines notes biographiques, les hommes éminents qui y ont reçu le jour, rendre ainsi un hommage bien mérité à leur mémoire, perpétuer le souvenir de leurs actions et des grands services qu'ils ont rendus, les donner enfin comme exemples à la postérité.

En exposant d'une manière absolue aux jeunes cultivateurs la situation exacte du pays qu'ils exploitent, en frappant leur intelligence par l'histoire des hommes illustres qui furent les contemporains de leurs aïeux, n'est-ce pas un moyen puissant pour exciter leur émulation?

Nous avons voulu aussi fixer l'attention sur des lieux où nous avons vécu. Nos ancêtres avaient, à un degré si complet, le sens de la durée, de la certitude que tout devait rester d'une manière immuable, qu'ils n'ont point écrit et n'ont laissé après eux aucune note sur les événements qui se sont accomplis dans ce canton de Lamarche, dans son chef-lieu notamment.

Le cadre que nous nous sommes tracé ne comporte pas que nous entrions dans de grands détails historiques sur l'origine et sur les différentes phases par lesquelles la petite ville de Lamarche, autrefois place forte, a passé depuis les temps les plus reculés jusqu'à nos jours ; aussi nous contentons-nous de donner une description sommaire. Les savants historiens pourraient traiter ce sujet, qui serait sans doute fort intéressant, par rapport à Oreilmaison dont on ne connaît pas l'origine, comme pour la forteresse de La Marche. Avant le XIII⁰ siècle les trois châteaux d'Isches, ceux de Senaïde et de Châtillon qui ont disparu ainsi que le château de Deuilly près de Serécourt, le monastère de Flabémont sur Tignécourt et le hameau de Dompierre, près de Martigny-les-Bains.

SITUATION AGRICOLE

DE

CANTON DE LAMARCHE

(VOSGES)

—⚬—

La Trinité, le Collège de Lamarche

La ville de Lamarche possède, au-delà de sa promenade, un établissement qui a eu sa célébrité : la Trinité, qui a subi de grands changements, depuis sa fondation, vers 1239, par les seigneurs Henry et Thiébaut, ducs de Bar, avec la coopération d'une société de moines, dont le chef était l'abbé Gauthier. Sa destination était tout à la fois une abbaye ou un monastère, résidence des cénobites, soumis à une règle commune et une forteresse, avec cours et fossés, lieux de refuge du seigneur de l'endroit, lorsqu'il guerroyait contre ses voisins.

En effet, Dom Calmet nous fait connaitre en sa

notice ccxiviij *la Marche, le Damoisel de la Marche au siège de Commercy.*

« Erardt de la Marche, étant en guerre avec le « Damoiseau de Commercy parti de la Trinité en « 1540, le Damoisel de la Marche prend la Tour « en Ardennes.

Le savant historien ajoute : « Le collège de la « Marche à Paris a été fondé en 1423 par Guil- « laume, natif de la Marche en Barrois, prêtre « licencié en droit, en faveur des pauvres écoliers « de Bar et de la ville de la Marche ; la nomina- « tion du principal du Collège fut réservée à l'Évê- « que de Paris.

« La provision des bourses vacantes appartient : « les 4 de la Marche, au ministre religieux de la « Trinité du même lieu ; les 2 de Rosières, au curé « du lieu ; les 6 de la deuxième fondation, aux curés « de Woinville et de Bouxières.

« Telle est l'origine du Collège de la Marche, « dont la fondation fut homologuée par Jean, « Patriarche de Constantinople, alors administra- « teur de la ville de Paris. »

D'un autre côté, l'auteur de l'histoire de la ville de Paris s'exprime ainsi, en décrivant Paris sous Charles VII.

Le Collège de la Marche, rue de la Montagne Sainte-Geneviève, n° 37, fut fondé, en 1420, par Guillaume de la Marche et par Beuve de Woin- ville. Jean de la Marche, oncle de Guillaume, avait commencé cet établissement en prenant à location des bâtiments d'an ancien collège, dit de Constantinople, fondé par Pierre, patriarche de cette métropole, et situé dans le cul-de-sac d'Amboise; ce collège n'avait alors qu'un seul boursier, qui portait le nom de Petit-Marche.

Guillaume de la Marche, mort en 1420, légua une grande partie de ses biens pour l'accroissement de ce collège. Son exécuteur testamentaire, Beuve de Woinville, acheta dans la même année une maison située Montagne Sainte-Geneviève, appartenant à des religieux de Senlis, y fit construire des bâtiments propres à un collège, y fonda six bourses pour six pauvres écoliers : quatre de Lamarche et deux de Rosières-aux-Salines, en Lorraine; ils devaient avoir chacun six sous par semaine. Il y établit aussi un chapelain, dont le traitement, par semaine, était de huit sous; il y réunit le collège de la Petite-Marche.

Dans la suite, de nouvelles fondations augmentèrent le nombre des boursiers; il s'éleva jusqu'à vingt et un. Ce collège, qui avait acquis de la célébrité, devint, après la Révolution, propriété particulière.

En effet, le collège de Lamarche obtint une grande renommée durant le XVIII⁰ siècle; il la devait à ses savants professeurs, qui ont formé des hommes d'élite, tels que les Bresson, les Lemolt, les Drouot, les Duprey, les Perrin et les Lemaire; les uns se sont distingués dans les lettres, d'autres dans les armes, d'autres encore dans les ministères de la guerre, et ils étaient tous enfants de Lamarche.

Voilà bien l'historique du collège de Lamarche. mais qu'est devenue la Trinité, berceau de ce collège, transporté à Paris par l'abbé Guillaume ?

La Trinité étant reconnue domaine national, fut aliénée en 1793 par le gouvernement de la République. Il serait difficile de reconnaître quelle destination cette grande propriété a eue successivement depuis six siècles, de 1239 à 1839. Eh bien, en 1839, elle est redevenue le siège d'une institution. En effet, le pensionnat de Lamarche, connu sous le nom de pensionnat de la Trinité, a été créé dès 1838, par trois ecclésiastiques; les directeurs et professeurs étaient prêtres; ils étaient au nombre de onze; le directeur était M. l'abbé Henry, qui y a fondé un collège et un orphelinat agricole; ce directeur est malheureusement mort en 1854, et depuis cette époque, l'immeuble est devenu propriété privée.

Rivières

Le canton de Lamarche est traversé par un seul ruisseau ayant quelque importance, le Mouzon, qui prend sa source à Martigny, arrose le bas des coteaux de Villotte, où il contourne pour aller dans la prairie de Morimont, puis dans celles de Rocourt et de Rosières. Continuant sa course sinueuse, il baigne le vallon de Sarthes, Dompierre, Circourt, Rebeuville et Neufchâteau, où il se perd dans la

Meuse ; il a peu d'importance sous le rapport agricole, puisque ses rives sont restées à l'état de nature, mais les avantages que l'on pourrait en retirer seraient assez grands, si, par une association syndicale, on réglait le cours de ce ruisseau, si on redressait les courbes, en établissant sur ses rives des barrages et des écluses pour profiter, dans la saison convenable, de ses eaux limoneuses.

La Saône, qui est vosgienne, puisqu'elle prend sa source à Vioménil, est une rivière qui devient importante dans le département voisin (la Haute-Saône), mais elle ne fait que limiter le canton de Lamarche au Sud vers Saint-Julien, les Thons, Lironcourt, Grignoncourt et Châtillon ; elle n'y est pas utilisée par des travaux d'art, mais la submersion annuelle qu'elle produit est bienfaisante et fertilise le sol des prairies.

Sources

Les sources ne sont pas communes dans le canton, on peut à peine en citer deux : c'est d'abord celle du Mouzon, puis celle qui fournit les eaux minérales froides de Martigny-les-Bains. Le Mouzon est formé d'une réunion de petits filets d'eau provenant du plateau de Marey, d'autres découlent des rampes des forêts des Fourasses et de Frière, d'un côté, de celles de Charmaille et de Couchepré, de l'autre.

Les eaux de cette petite rivière se dirigent vers le Nord, tandis que celles de la Saône coulent au Sud ; aussi le canton ne possède que deux vallées, celle du Mouzon et celle de la Saône.

Les eaux de source sont ordinairement chargées de diverses substances, quand elles arrivent à la surface du sol ; celles de la source de Martigny semblent venir d'une grande profondeur, elles sont froides, limpides et agréables à boire, bien qu'elles proviennent d'une région calcaire ; dans cette région calcaire du département des Vosges, on doit citer les eaux minérales de Contrexeville, de Saint-Vallier, de Bleureville, de Virine, de Velotte, de Hocheloup, de Vittel, enfin de Martigny-les-Lamarche ; ces eaux sont employées avec succès contre certaines affections.

Ces eaux minérales froides, dont la composition chimique est la même que celles des eaux thermales, n'ont-elles pas la même origine que ces dernières ?

Combustibles fossiles. — Houilles

Les concessions de mines situées dans le département des Vosges sont au nombre de 10, dont 5 de combustibles fossiles.

Les concessions de houille qui existent dans quelques communes du canton de Lamarche sont au nombre de deux, La Vacheresse et Rosières.

La concession de la Vacheresse a été accordée

par ordonnance du 14 août 1842; sa surface est de 11 kilomètres carrés, s'étendant sur le territoire de Martigny, Villotte, du canton de Lamarche et 4 autres du canton de Bulgnéville.

Celle de la commune de Rosières, autorisée par ordonnance du 29 octobre 1845, a une surface de 8 kilomètres carrés, compris dans les territoires de Rosières, Robécourt, Blevaincourt et Tollaincourt.

Ces concessions ont pour objet une assise de combustible, dans les terres des marnes irisées, mais la qualité laisse à désirer, elle est très médiocre, avec une épaisseur qui ne dépasse pas cinquante centimètres. C'est pour cette raison que ces minières sont, en quelque sorte, abandonnées.

On extrait des puits de recherches un combustible de qualité fort médiocre, brûlant avec une flamme longue, impropre à faire du coke, et laissant une grande quantité de résidu. La facilité avec laquelle il se délite est une cause qui empêche son transport au loin et pour qu'on le conserve en magasin.

Les forêts

Les forêts du canton sont belles et importantes; elles forment un groupe de 39,283 hectares; du reste, le département des Vosges est l'un des plus boisés de la France. Il forme à lui seul la neuvième conservation des forêts, dont le chef-lieu est à Épinal.

La superficie des forêts appartenant à l'État, aux communes, aux établissements publics et aux particuliers, est de 212,009 hectares; elles sont réparties de la manière suivante pour l'arrondissement de Neufchâteau, chef-lieu du canton de Lamarche, savoir :

Forêts domaniales	2908	Total
» communales	25973	39285
» particulières	10404	

Les essences dominantes de ces forêts, notamment dans le canton de Lamarche, sont le hêtre, le chêne et le charme, tous bois feuillus traités en futaies; les résineux ne se trouvent que dans les autres arrondissements. Les coupes du canton se vendaient ordinairement en baisse surtout dans les cantons de Lamarche et de Bulgnéville; il faut espérer qu'avec les voies ferrées que l'on vient d'établir et qu'on établira encore sur plusieurs points de l'arrondissement et de notre canton, faciliteront la vente des bois abattus et élèveront leur prix.

Les forêts du canton sont d'une grande importance, tant par leur étendue, que par la valeur des produits. elles fournissent de très beaux bois de construction, du bois de chauffage, des écorces et du charbon. Les principales essences sont le hêtre, le chêne et le bois blanc. Depuis l'extinction des feux de certaines usines des environs, les charbonnettes et les bois de construction ont subi une baisse sensible.

Forêts du Canton portant les noms suivants, savoir : sur le territoire de :

NOMS DES FORÊTS.	TERRITOIRE.	NOMS DES FORÊTS.	TERRITOIRE.
La Faron	Robécourt.	Le Bois-de-l'Effut (partie)..........	
Le Creuchot........	Bleuvaincourt et Robécourt.	Taillis-du-Brande-lénart	
Le Chesnois	Rocourt.	Grande-Partie-des-Fourrés	Lamarche.
Larramont	Villotte.		
La Roncière........		Bois-Conard........	
Les Charmailles....		Le Thû	
Boëne		Partie du Champ-d'Avis	
Marcaumont			
Le Humbot.........		Contre-Partie-de-Chaix-Millot......	
Ile-de-Renard	Martigny-les-Bains.	Bois-Jean-Virlet....	
Rosières		Derrière-les-Tappes.	Serocourt.
Le Couche-Pré.....		Côte-Godot	
Sous-Haut-Mont		Partie de Haut-de-Salins	
Partie de Chaix-Mil-lot.............		Le Grand-Paquis ...	
Haut-de-la-Carre....	Rosières.	Partie du Bois-Re-nard	Frain.
De Haut-de-Salins (partie)	Marcy.	Bois-du-Loche	
Lartamboucher.....	Rosières.	Partie de la Bruyère-la-Varose......	
La Mitreux.........		Partie du Bois-Re-nard	Morisecourt.
Le Noire-Bois	Damblain.	Le Boucho.... ...	
Partie de Villarmont		La Gauci	
Grande partie de Vil-larmont.........		Le Champleur......	
La Fraisière	Romain-aux-Bois.	La Fonotte.........	
Le Trimblois.......		Bois-Gérard	
La Fontaine Jauvet.		Bois-d'Homme-Mort.	
Le Chênois........		Haute-Verrière	
Champ-Guillaume ...	Tollaincourt.	La Manche	
Chaillot		Fosse-Sauvage......	
La Grande-Manche..		Bigneuvre..........	Tignecourt
La Fosse-Collenot ..		Pameroie..........	
Le Trémontet.......		Partie de Haut-de-Cagogne..........	
Le Bois-de-Seigneur.		Les Étangs.........	
Le Vieux-Pré		Bois-Bas	
Les Grandes-Bara-ques	Lamarche ...	La Pelouse.........	
Le Golard			
La Guerre.			
Le Bois-de-Rapi-champ			

Forêts du Canton (*Suite*).

NOMS DES FORÉTS.	TERRITOIRE.	NOMS LES FORÉTS.	TERRITOIRE.
Partie de Haut-de-Cagogne.........		Cornée-Jeanvolot ...	
Cornée-Chevillot....	Sérécourt.	La Transaction.....	Les Thons.
Le Nain-de-Cloche..		Le Corbé..........	
Brant-de-l'Essart....		Haut-Bois ,.........	
Partie-de-la-Fourrée		Les Pugeats........	Lironcourt.
La Tillère..........		Le Bouzemont......	
Le Bois-le-Comte...		La Harde	
Le Remplacement..	Saint-Julien.	La Couare	
Le Bignire		La Jonchère........	Senaide.
Le Bouvrot........		Les Cunes..........	
Partie de l'Effut....		Le Dureau	
Les Voibres	Isches.	Ferrière...........	
Le Chanel.........		Le Rupt	
Le Bois-Brûlé......		Le Bois-Banal	Chatillon-sur-Saône.
Les Voivres........	Fouchécourt.	Le Progot.........	
Bois de Caevremont.		Le Grand-Bois......	
Menu-Bois			Grignoncourt (rien).
Bois Vaucher	Ainvelle.		
Petite--et--Grande--Voivre			
Les Trois-Côtes.....			

La géologie

Les deux seules rivières qui baignent et arrosent une partie du canton de Lamarche, sont, ainsi que nous l'avons dit précédemment, le Mouzon, qui y prend sa source et la Saône, qui a la sienne à Vioménil, arrondissement de Mirecourt.

Les terres des vallées formées par ces rivières sont des terrains d'alluvion ou quaternaires; ils sont les plus rapprochés de nous par la date de leur formation.

La science a déclaré reconnaître l'établissement de trois grandes divisions chronologiques, savoir : les terrains de transition inférieurs au terrain houiller, les terrains secondaires qui sont composés de tous les dépôts entre le terrain houiller et la craie inclusivement, puis les terrains tertiaires supérieurs à la craie. Enfin, viennent les terrains d'alluvion ou quaternaires.

Le sol du canton de Lamarche est de la formation du trias, muschelkalk, terrains triasiques, moins les terrains des vallées que nous venons d'indiquer. Ces terrains du trias comprennent le grès bigarré ou grès quartzeux micacé, dont les couches épaisses sont souvent marneuses et rougeâtres ;

Le muschelkalk ou calcaire très coquillier, fétide, et les marnes irisées de couleur gris bleu et rouge lie de vin, puis verdâtre, qui renferment quelquefois plus de carbonate de magnésie que de carbonate de chaux.

Les couches épaisses de ces marnes irisées sont peu nombreuses dans le canton qui nous occupe; on les observe très facilement et en grand nombre à la côte de Bouzemont à Rozerotte, près de Mirecourt, un peu seulement dans les environs de Crainvilliers et de Lamarche.

Raisonnement sur quelques points de l'agriculture qui doivent appeler particulièrement l'attention des cultivateurs du canton.

Avec le désir que nous avons d'être lu par les jeunes écoliers de cette région, nous avons cru indispensable de faire d'abord l'exposé de notre façon de voir et d'opérer en agriculture, pour que ces jeunes gens profitent des conseils qui seraient jugés bons et utiles, et délaissent ceux qu'ils croiront imparfaits ou impraticables.

Les principes élémentaires de l'agriculture doivent se déduire en premier lieu, de la connaissance des végétaux, des animaux et surtout des principes de la géologie, laquelle est la reconnaissance des sols que l'on doit exploiter, connaissance élémentaire simplement de sciences appliquées qui ne sont encore étudiées que par un petit nombre de cultivateurs et qui devraient, au contraire, faire la base de l'éducation de tous.

Il faut encore tirer, comme conséquence, la possession de notions acquises sur la valeur des engrais, discerner ceux qui conviennent à tel ou tel sol, la valeur de ceux produits par le commerce. Aujourd'hui, la chimie agricole doit entrer dans les connaissances acquises par nos jeunes cultivateurs; il y a un demi-siècle, à peine, si on eût parlé à nos vieux laboureurs de produits chimiques pour fertiliser tel ou tel sillon de leur culture, ils auraient ri et considéré comme un fou celui qui en aurait parlé; maintenant que la chimie est à l'ordre du jour, il faut en causer et engager les jeunes gens à étudier cette science dans ses rapports avec l'agriculture; nous allons seulement en dire deux mots.

La chimie agricole constitue les trois principales sections de la chimie appliquée.

Chimie théorique, chimie organique, chimie inorganique.

La chimie est une science née d'hier, qui n'a commencé que depuis peu à débrouiller le fatras des vieilles doctrines, et à se reconnaître au milieu des produits et des phénomènes innombrables qui doivent fixer l'attention.

Il faut enfin posséder quelques notions sur l'étude des climats, des saisons et des fâcheuses influences exercées par la température.

Le cultivateur qui a déjà une connaissance, même imparfaite, de ces éléments de l'art agricole, sait déjà opérer des perfectionnements qui augmentent d'une manière sensible la quantité et la qualité des semences qu'il a confiées à la terre.

Il pourra apprécier les espèces végétales et animales qui conviennent à son sol; dans un climat,
déterminer avec une fumure complète ou modérée.
Pour achever les quelques mots que nous avions à
dire de la chimie agricole, nous ajouterons que l'on
enrichit le sol par des mêmes substances qu'on
rend aux terres épuisées, c'est ce qu'on appelle
fumer les terres.

On fume les terres en y répandant des déjections
animales, des litières, des purins, c'est ce qu'on
appelle fumiers d'étables.

Ces fumiers agissent sur la terre, parce qu'ils
contiennent de la matière azotée, du phosphate de
chaux, de la potasse et de la chaux, qui sont les
agents par excellence de la fertilité et la matière
première de toutes les récoltes.

L'azote est un corps simple, gazeux, reconnu
comme gaz distinct; il constitue l'un des principaux éléments de l'air atmosphérique, dont il forme
les 79 centièmes, il est incolore, inodore, insipide,
il n'est ni acide, ni alcalin; de même que le gaz
hydrogène et le gaz acide carbonique, il éteint su-
bitement le corps en ignition, mais il ne s'enflamme
pas comme le fait l'hydrogène; ainsi que ces deux
gaz, il est impropre à l'entretien de la respiration,
et c'est de là que vient son nom; sa densité est
représentée par 0,972, celle de l'air étant prise
pour unité.

L'azote joue un grand rôle dans la nature et
dans les phénomènes de la vie, soit végétale, soit

animale, l'influence de l'azote sur la végétation est considérable. Ce sujet occupe depuis longtemps un grand nombre de savants, tels que Georges Ville, Boussingault, Dumas, de Sausure, Liebig, Grandeau et autres.

L'expérience agricole paraît avoir fourni jusqu'aujourd'hui des données bien plus positives que les expériences du laboratoire.

Le phosphate est une substance qui résulte de l'union de l'acide phosphorique avec une base alcaline terreuse ou métallique.

Parmi les composés du phosphore, le phosphate de chaux est celui dont l'usage est le plus répandu, car il est entré d'une manière régulière dans la pratique agricole; les cultivateurs emploient comme engrais soit les os des animaux, soit le phosphate de chaux naturel; ce dernier se présente sous deux formes principales : cristallisé et combiné avec du chorure de calcium, ou disséminé dans les terrains calcaires, sous forme de rognons ou nodules.

On le rencontre dans certaines cavernes remplies de débris d'ossements fossiles, à l'état de coprolithes. Les phosphates de chaux en nodules doivent subir une préparation pour être employés en agriculture, car si l'on se contentait de les pulvériser, ils se dissoudraient difficilement dans le sol et seraient imparfaitement absorbés par les plantes.

Les Anglais d'abord, puis les Français ensuite, se sont mis à fabriquer, sous le nom de superphosphate de chaux, un engrais, dont il se fait

une consommation énorme dans toute la Grande-
Bretagne ; les nodules étant pulvérisés, on y mé-
lange de l'acide sulfurique, afin de transformer le
phosphate basique qu'ils renferment en phosphate
acide, soluble dans l'eau, puis on agite la masse
avec soin. Ce superphosphate présente l'avantage
de se distribuer très également dans le sol.

Les cartes agronomiques

Nous ne pouvons pas nous dispenser de reproduire ce que dit au sujet de ces cartes le savant
docteur Meugy ; il démontre l'utilité d'une bonne
carte pour un cultivateur intelligent qui ne se con-
tente pas de cultiver légèrement son sol, mais qui
veut, au contraire, savoir ce qu'il y a sous la couche végétale qu'il ensemence ; il y a eu parfois
dans ces recherches des résultats étonnants, au
grand avantage du laboureur.

Les Cartes agronomiques, dit le Docteur, doivent
parler ainsi au cultivateur : Votre terrain est trop
glaiseux, trop compacte ; vous pouvez l'amender
au moyen d'une marne que vous trouverez sur
place, en creusant à telle profondeur, ou dans telle
partie du territoire rapprochée de votre champ ; de
même pour les terrains trop sableux ; de même
aussi pour les terrains privés de calcaires. Ce n'est
que la nature de la marne qui change ; les mêmes

cartes doivent leur faire connaître, non seulement
la nature de la terre végétale, mais aussi celle de
la roche qui constitue le sous-sol et qui influe con-
sidérablement sur les propriétés de la couche su-
perficielle, par son plus ou moins de perméabilité
et par sa composition même, qui permet souvent
de l'employer sur place à l'amélioration du sol
cultivable, au moyen de travaux simples et peu
coûteux.

Elles doivent indiquer les gisements des engrais
minéraux, tels que le phosphate de chaux, le plâtre,
les cendres pyriteuses, les marnes de diverses natures et renseigner enfin sur la composition des
eaux de sources, de ruisseaux ou de rivières qui
peuvent contenir des principes fertilisants d'origine
organique ou minérale devant servir avantageuse-
ment aux irrigations.

On dira sans doute, que les cultivateurs qui re-
muent leur sol depuis des années, doivent le connaître mieux que personne et n'ont ainsi rien à
apprendre d'une carte agronomique, c'est là une
erreur. Le cultivateur, dans les limites de son exploitation, sait sans doute à quoi s'en tenir sur la
valeur de la couche végétale de ses terres, mais il
ne connaît pas le sous-sol, non pas la roche immé-
diatement recouverte par cette croute végétale,
mais aussi les autres couches qui existent en des-
sous. Quant aux terrains qui sortent de sa culture,
il ne s'en occupe pas ; de ses terres elles-mêmes, il
connaît bien leurs qualités et leurs défauts, mais

sait-il à quoi il doit les attribuer, Se rend-il compte des proportions de sable, d'argile et de calcaire que ces terres renferment? on peut répondre négativement. Par conséquent, il ne peut savoir quel est le meilleur amendement qui convient dans chaque sol, ni dans quelle mesure il doit l'employer.

Il n'est donc pas douteux que les cartes agronomiques soient destinées à rendre d'éminents services aux cultivateurs intelligents qui veulent bien les étudier.

Assolement

*La prospérité de l'agriculture du canton de Lamarche, dont la disposition orographique du sol offre les plus heureux avantages, consiste dans la création d'une quatrième sole dans l'assolement du territoire, faire en un mot une quatrième saison, qui sera celle des herbes, cultivées en prairies artificielles, Luzernes, Trèfles et Sainfoins. Dans toutes les rampes des coteaux qui offrent des difficultés dans le labour, on établira des prairies temporaires Tymoty, Ray-Grass et autres herbes, quand le sol compacte offre quelque fraicheur. Ainsi tous les coteaux devraient être couverts par des prairies artificielles qui donneraient d'abondantes récoltes en fourrages, et en les joignant à la production de la prairie naturelle sur le cours du Mouzon dont les eaux retenues avec adresse et intelligence seraient déversées sur le sol, fourniraient alors une double récolte.

Rien n'est plus facile que de construire ces barrages sur les ruisseaux et rivières, car, aux termes de la Loi. ce sont les Ingénieurs hydrauliques qui sont chargés des études et de la construction pour le compte des propriétaires.

Dans le cours de nos investigations, nous avons remarqué dans le canton une commune, celle de Senaide, qui marche certainement vers le progrès et remplit, en quelque sorte, le programme que nous tracions ci-dessus ; Senaide possède dans l'étendue de son territoire 650 hectares de terres labourables, pour 164 hectares de prairies artificielles et 87 hectares de prés naturels, au total 251 hectares de prairies ou 40 0[0 de la surface en culture, ce qui est magnifique. nous ne doutons pas du bien-être et de l'aisance que cette sage manière d'opérer dans les cultures doit apporter aux habitants de cette commune.

Si l'on veut prendre la peine de considérer les résultats à obtenir pour la création de cette quatrième saison, on reconnaitra tout de suite son importance ; d'abord, parce que l'on diminue l'ensemencement des céréales et les cultures, par conséquent ; de là, économie dans les frais d'exploitation, ensuite on obtient une récolte en fourrages beaucoup plus importante ; alors facilité d'élever du bétail, avec certitude de saisir un produit qui ne court pas les chances de destruction par la grêle ou l'inondation. On nourrit les bêtes bovines avec du fourrage, de la paille et des racines. Les aliments aqueux, en général, comme les soupes, les résidus de brasseries, sucreries de betteraves, les tubercules et racines avec les fourrages fermentés leur conviennent parfaitement. Avec des racines et de la paille, on peut très bien hiverner des bœufs de travail.

On nourrit l'été à l'étable ou au pâturage; cette dernière manière est sans doute la plus simple et la plus commode, mais aussi elle ne donne point de fumier, elle ne convient pour le gros bétail que dans de riches herbages, ces herbages donneront toujours un plus grand produit étant fauchés et l'herbe consommée à l'étable; il est certain que le bétail qui pâture gâte plus avec ses pieds et sa fiente qu'il ne consomme. Dans tous les cas, ce ne sont jamais les animaux de travail qu'on doit nourrir de cette façon.

La meilleure méthode, tant pour le bétail que pour les produits qu'on en retire, c'est la nourriture au vert à l'étable; c'est celle par laquelle on obtient plus de fumier et par laquelle le bétail s'entretient le mieux en exigeant une surface moindre pour sa subsistance.

Tous les comices agricoles s'occupent aujourd'hui de la question bien importante de savoir si tous les fourrages peuvent être conservés verts. Nous savons que l'alimentation par excellence des bœufs et des moutons, c'est le fourrage en herbe; mais nous ne sommes pas encore assurés de pouvoir les conserver pour l'alimentation pendant l'hiver. Il est donc salutaire de conserver le plus possible de fourrages herbacés. Ainsi nos sainfoins, nos luzernes, nos trèfles, nos maïs, seulement fanés et coupés dans une journée sèche, nos têtes de navets, betteraves, carottes, turneps, recueillis proprement et secs, nos regains de prairies naturelles, le tout placé dans un silo bien confectionné, donneront une ressource alimentaire saine et succulente pour la saison d'hiver.

A ce propos, on se répète dans le monde agricole, que M. Paté de la Netz, agriculteur émérite, emploie cette méthode depuis plusieurs années. Cet habile agriculteur écrivait dernièrement à l'un de ses amis, qu'il venait de terminer l'ensilage de 120,000 k. de luzerne verte, que son silo était plein, et qu'il regrettait de ne pas en avoir un second; voilà un exemple bien proche de nous; il serait facile d'en constater la valeur *de visu*. Cette question est trop intéressante pour que chacun n'en fasse l'essai, surtout si M. Paté a réussi.

Les chemins ruraux et la prestation

La loi du 21 juillet 1870 relative aux chemins vicinaux dit:

ARTICLE UNIQUE. — Les Communes, dans les-

quelles les chemins vicinaux classés sont entièrement terminés, pourront, sur la proposition du
Conseil municipal et après autorisation du Conseil
général, appliquer aux chemins ruraux l'excédent
de leurs prestations disponibles, après avoir assuré l'entretien de leurs chemins vicinaux et fourni
le contingent qui leur est assigné pour les chemins
de grande communication et d'intérêt commun ;
toutefois, elles ne pourront jouir de cette faculté
que dans la limite maximum du tiers des prestations et lorsque, en outre, elles ne reçoivent de
leurs chemins vicinaux ordinaires, aucune subvention de l'État ou du département.

Nous avons jugé qu'il était nécessaire de rappeler ici le texte de la Loi sur les associations syndicales, puisque c'est avec le secours de ces deux
lois, que nous prétendons arriver à la création de
ces chemins ruraux et de défruitement, réclamés
journellement par l'agriculture.

En effet, la loi du 22 juin 1865, en son titre 1er
dit : « peuvent être l'objet d'une association syn
» dicale, entre propriétaires intéressés, l'exécution
» et l'entretien des travaux ci-après :

» 1° De défense contre la mer, les fleuves, les
» torrents, les rivières navigables, etc.

» 2° De curage, redressement de canaux et cours
» d'eau navigables ou flottables, de desséchement
» et d'irrigation ;

3° De desséchement de marais ;

4° Des étiers et ouvrages nécessaires à l'exploitation des marais salants ;

5° D'assainissement des terres humides et insalubres ;

6° D'irrigation et de colmatage ;

7° De drainage ;

8° De chemins d'exploitation et de toute autre amélioration agricole ayant un caractère d'intérêt collectif ;

Eh bien, ces chemins ruraux réclamés de toutes parts, comme étant d'un intérêt si grand pour la culture, peuvent être créés au moyen d'une association syndicale, en demandant que toute la valeur des prestations soit reportée sur ces chemins, parce qu'aujourd'hui avec les voies ferrées, nos chemins vicinaux comme ceux d'intérêt commun, n'exigent plus de grandes dépenses d'entretien, et que cet entretien devrait être supporté par le département et par l'État. Mais si vous en parlez aux conducteurs des ponts-et-chaussées, aux agents voyers chefs, ils vous répondront promptement que cela ne les regarde pas, qu'ils agissent par les ordres de leurs supérieurs, que cette demande serait l'objet d'une législation nouvelle.

Nous sommes donc d'avis de demander que les chemins communaux, les chemins ruraux et de défruitement, soient créés et entretenus par les prestations intégralement.

Prestation, corvée, prestation en nature

La prestatien est tout simplemnt la corvée due au Seigneur et Maitre de la localité, droit féodal établi autrefois sur le domaine du grand propriéprietaire, pour l'exécution de quelques œuvres. Ainsi, ce travail gratuit, qui pèse encore sur l'homme de la terre et non plus sur le vassal du grand seigneur, qui pèse sur les animaux qu'il entretient, comme sur son matériel roulant, est toujours cette corvée féodale, qui, en changeant de nom simplement, est encore conservée par le gouvernement de la République.

Or, nous nous demandons, si, sous un gouvernement démocratique, il ne serait pas logique de rechercher si ce droit féodal est bien assis, s'il doit frapper uniquemcnt l'ouvrier agricole qui possède un mulet, un bœuf ou plusieurs animaux de trait, sans appeler à cette charge le propriétaire du sol exploité.

Si enfin cette corvée ne doit pas profiter entièrement aux habitants du territoire ainsi entretenu, avec cette certitude que toutes les prestations seront employées à la réparation des chemins ruraux et de défruitement qui sillonnent les terres de la commune.

L'établissement des chemins d'exploitation améliore sensiblement la situation de la ferme, c'est une amélioration apportée au fonds, il est de toute équité que le propriétaire de ce fonds prenne une part de cette charge.

Il y a bien d'autres améliorations qui pourraient être apportées à notre agriculture si nos représentants voulaient prendre la peine de s'y intéresser, ainsi les échanges de propriétés rurales non construites n'ont eu qu'un semblant d'encouragement, voici la loi :

Les échanges (loi du 21 juin 1875), le droit des échanges d'immeubles réduit à 1 0[0 par l'art. 2 de la loi du 16 juin 1824, est reporté indépendamment du droit de transcription à 2 0[0 conformément à l'art. 69, paragraphe 5, n° 3, de la loi du 22 frimaire an VII, mais la formalité de la transcription, ne donne plus lieu à aucun droit proportionnel.

Sont maintenues les dispositions de l'art. 4 de la loi du 27 juillet 1870, en ce qui concerne les échanges d'immeubles contigus.

(Loi du 21 juillet 1870), art. 4. A partir de la promulgation de la présente loi, il ne sera perçu sur les échanges d'immeubles ruraux non bâtis, que 0,20 c. 0[0 pour tout droit proportionnel d'enregistrement et de transcription, lorsqu'il sera justifié conformément aux énonciations de l'acte, 1° que l'un des immeubles échangés, est contigu aux propriétés de celui des échangistes qui le reçoit.

2° Que les immeubles échangés, ont été acquis

par les contractants, par acte enregistré, depuis plus de deux ans, ou recueillis par lui à titre héréditaire.

3° Que les immeubles échangés, sont situés dans le même canton, ou dans les cantons limitrophes.

4° Que la contenance de la parcelle contiguë aux propriétés de l'un des échangistes, ne dépasse pas 50 ares.

Et en outre, réduit à 1 0⁄0 le droit perçu sur le montant de la soulte ou de la plus value des échanges opérés, conformément aux dispositions qui précèdent, lorsque ces plus values n'excèdent pas le quart de la valeur de la moindre part.

Dans le cas où les énonciations relatives à l'une des conditions spécifiées au paragraphe 1ᵉʳ, seraient inexactes, les droits seront dus au taux ordinaire, indépendamment d'un droit en sus. La réduction du droit sur la soulte cessera également d'être applicable en cas d'insuffisance de ces soultes ; il sera en outre perçu à titre d'amende un droit en sus, etc.

Quand on a lu ces deux lois, on se demande pour quelle raison, le Gouvernement désireux de favoriser l'agriculture et de lui faciliter des réunions de terrains sur une grande échelle, apporte-t-il simultanément des entraves à ces opérations d'échanges si avantageuses aux propriétaires et aux fermiers, pourquoi toutes ces exceptions pour profiter du bénéfice de la loi ? pourquoi ne pas admettre les propriétés contiguës dont la superficie dépasse 50 ares; si l'on envisage ce qui se fait dans la pratique, on trouvera dans les grandes propriétés, et notamment dans les bans fertiles, une grande quantité de parcelles ayant plus de 50 ares, cette distinction n'a donc été établie que dans une mesure fiscale, mais alors elle enlève à la Loi du 21 juillet 1870, ce prestige qu'on a voulu lui donner: favoriser l'agriculture.

Il en est de même de cette exception des parcelles qui seraient possédées depuis moins de deux ans, et à quel propos?

Quand on contracte un échange, c'est bien certainement avec un acte translatif de la propriété, que cet acte soit authentique ou sous seing privé, il a été enregistré, il a donc acquitté les droits de mutation; et pourquoi priver ces parcelles du bénéfice de la loi?

Pour ces motifs, nous désirons que tous les échanges de biens ruraux, autres que les propriétés bâties, ne donnent plus ouverture qu'au droit proportionnel de 20 c. 0|0 pour tout droit d'enregistrement et de transcription, quand ces immeubles seront contigus et situés dans le même territoire, lorsque les parcelles seraient d'une contenance de plus de 50 ares et lors même que la possession régulière ne daterait que de quelques mois.

L'éleveur des bêtes à cornes

M. Villeroy a dit :

« *L'amour des bêtes est la première base de tou-*
» *les améliorations, la première et indispensable*
» *condition de succès dans l'élève du bétail,* »

Il est indubitable que l'élevage des bêtes à cornes est la base la plus solide de la prospérité agricole; car, si vous ne possédez pas de bétail, vous ne pouvez point faire d'agriculture profitable; mais avec beaucoup de bétail, on réalise des bénéfices importants.

L'élève et l'engraissement du bétail, combiné avec la nourriture à l'étable donnent des quantités d'engrais qui assurent la fertilité du sol et sont une source de richesse pour le cultivateur.

On objectera peut-être, que l'on peut espérer aussi de grands profits de l'éducation des chevaux et des bêtes à laine, ne présentant pas les mêmes chances de pertes par la mortalité, mais on doit dire aussi que la nourriture du gros bétail est bien moins coûteuse et plus facile à se procurer; que le bœuf gagne en vieillissant, quand, au contraire, le cheval perd de son prix ; ensuite les déjections sont en poids le double de celles des chevaux ou des moutons.

Les produits que l'on obtient donc des bêtes à cornes proviennent du lait, de l'engraissement de l'animal, du travail qu'il fournit, de l'élève qu'il donne, enfin d'une masse de fumier qu'il produit.

Beaucoup d'exploitations agricoles sont organisées de façon à obtenir simultanément tous ces produits; dans d'autres, on s'attache à une seule branche. Dans le voisinage des villes, par exemple, comme dans les contrées industrielles, de fabriques, on considère la laiterie comme le produit principal à retirer des bêtes à cornes.

Là, on n'élève pas, on achète des vaches laitières en plein rapport, on les nourrit fortement, puis, lorsqu'elles cessent de donner du lait, on les vend ou on les échange.

Dans les lieux éloignés ou écartés, c'est le contraire que l'on pratique, puisqu'on ne peut tirer parti du lait ou des fromages, il est plus rationnel d'élever des veaux destinés pour la boucherie, et qui sont choisis comme possédant les aptitudes à prendre la graisse.

C'est ce qui se fait généralement dans les arrondissements de Saint-Dié et de Remiremont et on en a la preuve, en visitant les marchés de Bruyères, qui se tiennent le lundi de chaque semaine; on y voit les grands approvisionnements réalisés pour Nancy, les villes voisines et notamment pour Paris.

En général, les bestiaux sont élevés par les petits cultivateurs de la montagne surtout, ils veulent que les vaches donnent du lait, que les bœufs

travaillent et que les uns et les autres soient faciles à engraisser.

L'engraissement du bétail est une des branches les plus importantes de la science agricole ; il y a des fermes où l'engraissement est la principale affaire du cultivateur, c'est une industrie attachée à une autre. Toutes les bêtes que réforme le fermier ne doivent sortir de ses étables que pour aller à la boucherie. Les conditions qui assurent le succès de l'engraissement, sont : un choix intelligent des animaux à engraisser ; une bonne méthode, de bons fourrages et le talent de bien acheter et de bien vendre.

Tous les engraisseurs ne sont pas d'accord sur la manière de nourrir le bétail ; les uns ne veulent que deux repas en 24 heures, les autres divisent la nourriture en un grand nombre de petites portions ; les uns demandent pour les bœufs un isolement complet, le silence et l'obscurité, d'autres disent que si les bœufs font tous les jours un léger exercice, leur appétit est stimulé et leur digestion est plus facile.

Le petit cultivateur qui engraisse une ou deux paires de bœufs, peut les nourrir, ce qu'on appelle à la main, et leur faire faire cinq ou six repas ; mais celui dont l'exploitation est importante, qui ne peut pas faire par lui-même, ou exercer une surveillance de tous les instants, celui-là doit chercher à simplifier le plus possible. Ce motif nous semble suffisant pour ne faire faire à toutes les bêtes en hiver que deux repas.

Plusieurs substances sont employées à l'engraissement. De très bon foin, de très bon regain, de la luzerne, du sainfoin, du trèfle secs, font une excellente base de la nourriture des bœufs à engraisser : les engraisseurs expérimentés savent depuis longtemps que les tourteaux favorisent et hâtent l'engraissement ; il y en a beaucoup qui croient ne pas pouvoir engraisser sans tourteaux, les tourteaux, en effet, sont non seulement favorables à l'engraissement, mais encore ils augmentent la quantité et la qualité du fumier, car les animaux nourris avec de bons fourrages et des corps gras, donnent un fumier bien supérieur aux autres, en principes fertilisants, c'est bien connu aujourd'hui.

Les betteraves et les pommes de terre cuites, les tourteaux de colza, de lin, de coton moulus, doivent faire la base de l'engraissement. Que ces matières soient données sèches ou bouillies, en soupes ; les soupes sont surtout avantageuses pour faire consommer au bétail, des balles de grains, de la paille, des fourrages durs mais hachés, en un mot, une foule de substances qu'autrement il refuserait de manger.

Pour cela, comme pour préparer les aliments, fournir le moyen d'en tirer tout le parti possible et produire la plus grande quantité de fumier, la distillation des pommes de terre offre d'incomparables avantages.

Il est incontestable qu'en ajoutant, à l'exploitation de la terre, une industrie qui permette de tirer le plus grand profit des denrées récoltées, comme distillerie du seigle, des pommes de terre, des betteraves et bientôt du maïs, et qu'à côté de cette industrie vous ajoutiez une écurie de bœufs qui consommeront tous les résidus, vous réaliserez certainement des bénéfices que ne peut pas prétendre le simple cultivateur qui ne produit que des céréales.

Il y a aussi l'huilerie dont nous ne parlerons pas. Le producteur de colza, qui fait son huile et fait manger ses tourteaux à une bande de bœufs, a certainement fait profit de son industrie ajoutée à sa culture. A ce sujet, n'est-ce pas le cas de rappeler, ici, l'initiative donnée dans le canton par M. Charles-François-Nicolas Floriot, qui avait rattaché à sa culture, une huilerie et plusieurs écuries de gros bœufs, qui mangeaient les tourteaux de sa fabrication, réalisant ainsi des avantages positifs, nous devons, certes, rendre hommage à ce cultivateur émérite de la ville de Lamarche, qui, le premier, a donné l'exemple de l'association de l'industrie à la culture du sol.

Les fumiers

Quelques personnes ont dit que la production du fumier était l'un des éléments les plus importants pour la culture, que dès lors, dans l'entretien du bétail, la valeur des fumiers devait être représentée par l'excédent des dépenses d'entretien des bestiaux sur la valeur des produits autres que le fumier ; c'est-à-dire que, si des bœufs à l'engrais avaient coûté en prix d'achat, en denrées consommées et en main-d'œuvre pour les soigner, une somme de 1000 fr. et qu'ils n'eussent produit à la vente qu'une somme de 800 fr., le fumier de ces animaux coûte réellement 200 fr. et doit être évalué à ce prix dans la comptabilité.

— Mathieu de Dombasle a proclamé que c'était une erreur que de calculer ainsi ; il indique que, « le fumier étant une matière première, autant « qu'un produit, il faut avoir égard dans la déter- « mination de sa valeur aux exigences des comptes « qui doivent consommer ce produit, c'est-à-dire « des comptes acheteurs. »

« Le compte de fumier sert d'intermédiaire et en « quelque sorte de balance entre le compte des bes- « tiaux et ceux des récoltes ; et si l'on trouve géné- « ralement que le bétail donne peu de profit, c'est « parce qu'on ne fixe pas à un taux assez élevé le « fumier qu'il produit. »

« On a dit quelquefois que le bétail est un mal « nécessaire ; et, en effet, en fixant la valeur du « fumier comme on le fait communément, il est rare « que les bestiaux donnent du bénéfice. Il est cer- « tain cependant, qu'on ne tire guère de grand profit « de la culture que dans les exploitations où on « entretient un nombreux bétail. Il est donc clair

« que les bestiaux donnent réellement du profit ; et
« que, si ce profit ne figure pas sur les comptes ,
« c'est qu'on n'estime pas à un prix assez élevé le
« fumier qu'ils fournissent à la culture (1). »

Le fumier est donc un aliment indispensable à la
terre, si l'on veut obtenir des produits rémuné-
rateurs.

La production des engrais dans le département
des Vosges, et dans le canton de Lamarche notamment, s'est accrue d'une manière sensible : l'art de
l'engraissement du bétail est mieux entendu, il s'est
introduit dans beaucoup de communes du canton
qui nous occupe ; les cultivateurs qui s'y livrent ont
compris que le fumier du bétail engraissé à l'étable
est supérieur et plus abondant que celui des animaux
de travail.

C'est lorsque l'on veut faire économie de fourrages,
ou qu'on ne peut faire mieux, que l'on conduit les
vaches et les bœufs dans les paquis communaux ou
dans les terres récoltées, on y perd leur fumier, le
bétail y trouve peu à vivre et les vaches donnent peu
de lait. La vaine pâture en général, n'est pas d'une
bonne économie, elle ne convient qu'aux moutons ;
on sait que la stabulation du troupeau, le parc mis
en terre, tourne aux plus grands bénéfices du sol.

(1) Œuvres posthumes de M. Mathieu de Dombasle, pages
278, Paris, Veuve Bouchard-Huzard.

Les purinières et les places à fumier

Nous nous rappelons avoir publié en 1868, deux tableaux pour les écoles communales, semblables à ceux envoyés par le Ministre de l'agriculture, à Messieurs les Instituteurs, pour orner les murs de leurs salles. Dans le premier, nous disions aux cultivateurs et à leurs enfants : Vous appréciez comme nous, la valeur des fumiers et des purins qui en dégouttent et vous déclarez qu'ils sont or ; puisque vous établissez une comparaison avec le métal le plus précieux, recueillez donc avec précautions, toutes les parties liquides ou solides de ces engrais.

Hâtez-vous d'arrêter ces eaux chargées de la puissance fertilisante du sol ; elles s'écoulent de vos cassis et vont se perdre à la rivière ou au ruisseau le plus voisin, sans profit pour personne.

Puisque améliorer son fumier, c'est faire croître une double moisson, soignez-le journellement ; empêchez la fermentation trop grande, pour qu'il ne se consume et ne se detruise pas sur place.

La richesse d'un fumier consiste dans les sels et les gaz qui le composent ; il faut donc éloigner les eaux de son emplacement pour en conserver les sels. Il faut l'abriter de l'action de l'air et du soleil, si l'on veut y maintenir les gaz, et l'arroser avec les purins pour en modérer la fermentation.

Nous conseillons deux moyens pour conserver les fumiers ; la fosse simple, pour le petit cultivateur, et la plate-forme, pour la grande exploitation ; l'une et l'autre doivent être accompagnées d'un ou plusieurs puisarts ou excavations dans le sol que nous appelons purinières, parce qu'elles sont disposées pour recevoir le purin qui s'écoule incessamment d'un fumier gras et bien préparé.

La plate-forme et la purinière doivent être imperméables, non seulement au fond, mais encore sur toute la surface des parois ; c'est là une condition indispensable pour conserver tous les liquides.

Lorsque le sol est argileux et que l'on veut éviter la dépense de la construction d'une aire en béton, on peut faire la fosse et la plate-forme dans ce sol argileux ; il suffit d'établir contre les parois une petite maçonnerie ; il est reconnu que l'argile plastique conserve l'eau, et qu'elle est imperméable.

Mais il est plus convenable de construire la plate-forme et la purinière, en béton façonné avec le gravier de rivière et de la chaux hydraulique. Pour une exploitation de 75 à 100 hectares, la plate-forme doit avoir 10 à 12 mètres carrés, son périmètre est garni d'un bourrelet de 0 m. 10 que borde un petit cassis de 0 m. 20 de large, ménagé au pourtour à l'effet de recueillir les purins et les eaux pluviales qui tombent sur le fumier s'il n'est pas couvert ; ce cassis dirige les eaux et les purins dans une ou plusieurs fosses, ordinairement on en place une seule au centre de la plate-forme et sur cette fosse unique, on dispose une pompe à purin qui est mise en mouvement dès que l'on s'aperçoit de la trop grande sécheresse des pailles et torchis, on arrose ainsi toute la surface du fumier au moyen de cette pompe.

Il est très profitable de saupoudrer de temps en temps le fumier, de plâtre calciné ou même de plâtre brut, de poussière de route ; on accumule ainsi les principes de fertilisation.

Quelques cultivateurs plus intelligents ont même prétendu, qu'il ne suffisait pas d'avoir une plate-forme bien établie pour la conservation des fumiers ; ils sont plus exigents et demandent que ces fumiers soient abrités par une toiture qui prévienne la déperdition de ses propriétés, en assurant la dérivation des eaux pluviales trop abondantes, en les préservant aussi de la chaleur trop vive des rayons solaires : il serait donc indispensable, pour avoir une place à fumier complète, d'obtenir ces deux conditions ; l'aire imperméable et l'abri contre les eaux et le soleil.

Ces places à fumier complétées se trouvent peu et rarement dans la Meurthe, mais plus ordinairement dans la Haute-Saône, le Doubs et en Alsace.

Malgré ces démonstrations et ces exhortations puissantes dictées par la sagesse et la pratique, les amoncellements de fumiers restent dans le même état, à peu d'exception près.

Si, contre l'évidence et les prières, on n'obtient rien, n'y a-t-il pas de la part de l'administration locale d'abord, et ensuite de la commission hygiénique, des moyens de répression contre un abus semblable qui enlève à l'agriculture une bonne part de la fertilité de la terre, en compromettant la santé publique.

Voyez, dans la plupart des villages, les cassis sont garnis de ces eaux noires et fétides qui dirigent les purins à une grande distance, sans profit pour personne.

Viennent les chaleurs de Juin et de Juillet, vous éprouverez alors en parcourant le hameau une suffocation causée par ces eaux putrides, nauséabondes, et de là, naissent des fièvres, des maladies, des troubles dans l'économie animale, et notamment chez les enfants qui, ordinairement passent la journée dans l'intérieur du village.

Nous nous sommes beaucoup étendu sur ce chapitre des fumiers et des fosses à purin, parce que c'est là, qu'est la source principale de la fécondation du sol et par conséquent de son rendement en récoltes, car il faut tenir pour certain que : point de fumier, peu ou pas de moisson.

Dans le second tableau, nous avons indiqué la valeur fertilisante des engrais d'étables. Avec les informations de nos savants les plus éminents, nous avons cru utile de les reproduire pour les porter à la connaissance de nos jeunes lecteurs.

Les fumiers d'étables. — Leur valeur fertilisante

1° ENGRAIS VÉGÉTAUX. — LITIÈRES

Ces engrais sont façonnés avec les productions végétales dont les noms suivent (on les nomme fumier mixte) : Toutes espèces de pailles, feuilles, fougères, genêts, bruyères, roseaux, mousses, gazons, tourbe, tannée, sciure de bois, sable et terre.

2° ENGRAIS TYPE. — FUMIER NORMAL

Composition du fumier normal provenant de 30 chevaux et 30 bêtes bovines, à la ferme de Bechelbronn, nourris avec paille et fourrage.

Analyse de MM. Boussingault.	Eau	79 30
	Matières organiques	14 20
	— minérales.	6 50
	Égal.	100 00
— — Richardson.	Eau	65 00
	Matières organiques	24 70
	— minérales.	10 30
	Égal.	100 00

Détail de l'analyse faite par M. Boussingault.

Matières organiques	14 20
Acide phosphorique	0 20
— sulfurique.	0 13
Chlore	0 04
Potasse et soude.	0 52
Chaux	0 57
Magnésie.	0 24
Oxyde de fer et manganèse . . .	0 40
Silice, sable et argile	4 40
Eau	79 30
Égal.	100 00

1,000 kilogr. contenaient donc :

(HEUZÉ).

Équivalent d'amoniaque	4 98
Acide phosphorique	2 00

Le fumier normal ou fumier-type contient donc 40 p. 100 d'azote.

3° DÉCOMPOSITION DES DIVERS FUMIERS FRAIS.

Poids du mètre cube.

Animaux.	CHEVAL.	BŒUF OU VACHE.	MOUTON.	PORC.
Matières organiques .	29.247	16.422	34.475	23.332
Chlore	74	48	90	89
Acide phosphorique. .	232	129	203	207
Potasse	674	327	788	1.697
Acide sulfurique . . .	78	68	96	234
Soude	47	24	60	» »
Chaux	530	269	633	179
Magnésie.	257	131	281	234
Silice	1.367	690	1.661	1.123
Oxyde de fer.	40	17	35	27
Eau	67.454	81.869	61.000	72.872
(Boussingault).	100.000	100.000	100.000	100.000

(Boussingault. à gauche)

1,000 kilogr. de fumier de ces animaux contiennent, savoir :	CHEVAL.	VACHE.	MOUTON.	PORC.
Équivalent d'ammoniaque. . .	8 k 11	4 k 14	10 k 00	9 k 54
Acide phosphorique.	2 32	1 29	2 03	2 07

D'où il résulte que les fumiers doivent être classés dans l'ordre suivant :

1° Fumier de mouton ; 2° fumier de cheval ; 3° fumier de porc ; 4° fumier de vache.

Poids du mètre cube.	FUMIERS.	PAILLEUX.	FAITS.	DÉCOMPOSÉS.
	Cheval	350 à 400 kil.	450 à 500 kil.	600 à 650 kil.
	Bêtes à cornes.	500 600	650 750	800 900
	Bêtes à laine. .	400 450	550 600	650 700

4° QUANTITÉ DE FUMIER PRODUITE
PAR LES ANIMAUX

Dans le cours d'une année.

	CHEVAL.	BŒUF de travail.	BŒUF à l'engrais.	VACHE en stabulation.	BÊTE à laine.	PORC.
1 Thaër . . . . . indique	7.400 k	6.400 k			440 k	800 k
2 De Dombasle. . . —	16.200		25.300 k		600	
3 Bella. . . . . . —	8.900	11.600		13.900 k	340	
4 Hundershagen . . —	10.200	11.200		11.500	420	
5 Fréderdorf. . . . —	8.700			11.600	770	
6 Pfeiffer. . . . . —				9.200		
7 Crud. . . . . . —				11.000		
8 Meyer . . . . . —					730	
9 Heuzé . . . . . —						700
Moyenne	10.200 k	9.400 k	25.300 k	11.400 k	550 k	750 k

5° SYSTÈME PROPOSÉ PAR SCHWERZ.

Ce système pour supputer la quantité de fumier pro-
duite est celui que l'on adopte le plus généralement.
Voici, d'après cet auteur, quelle quantité de fumier
on peut obtenir des fourrages et des litières.

	FOURRAGES.	PARTIES sèches.	KILOG. de fumier.
	de foin	30	175
	de paille	30	175
	de trèfle vert	21	36
100 kilogrammes	de pommes de terre. . . .	23	49
	de betteraves	10	21
	de carottes	13	23
	de navets	10	17

LITIÈRE

— —	de paille	100	200

Simple avis

1° Un grand défaut est de ne transporter le fumier dans les champs qu'une fois par année.

2° On reconnait la perfection dans l'emploi immédiat du fumier frais.

3° Si le nourrisseur, l'engraisseur ne retirent pas ou ne reçoivent que fort mal la nourriture à l'étable, ne sont-ils pas bien indemnisés, d'abord par la manière la plus avantageuse de faire consommer leurs fourrages, ensuite par le produit des riches fumiers qu'ils en obtiennent ?

4° Trois industries favorisent la production du fumier d'étable, *la laiterie, l'élevage, l'engraissement*. Le cultivateur qui a réuni à son exploitation l'une de ces industries, fait de bonnes récoltes ; celui qui en a deux en fait de meilleures ; celui qui en a trois obtient les plus beaux résultats, parce qu'avec abondance de fumier on obtient tout ce que l'on veut.

5° Dans les calculs des produits du bétail, on n'estime pas assez la valeur des fumiers. Si on donne à la ferme une voiture de fumier de plus et que ce fumier doive produire du fourrage qui lui-même produira d'autre fumier, alors la ferme est dans une voie d'amélioration progressive.

6° On ne doit pas craindre de faire du fourrage pour obtenir du fumier, et du fumier seulement pour avoir du fourrage ; en produisant ce fourrage pour la nourriture du bétail, on arrive naturellement à produire beaucoup de grains.

7° Le fumier est une matière très-précieuse, à laquelle on ne saurait donner trop de soins ; il ne faut pas en perdre une parcelle, non plus que des purins une goutte ; il faut qu'il soit traité et manié sans cesse de la manière la plus avantageuse.

8° Il existe de grandes différences dans le fumier. Une nourriture plus abondante et plus substantielle produit le meilleur fumier et en plus grande quantité.

9° Les cultivateurs connaissent la valeur du fumier, ils ne doivent pas le traiter avec négligence ; ils ne doivent pas tolérer que les purins ou le jus des fumiers s'écoulent en pure perte dans les rues du village. Ceux qui se rendent coupables de cette négligence nuisent à leurs intérêts et provoquent en même temps un sentiment de peine et d'indignation chez les personnes qui traversent leur commune.

10° Le fumier doit être placé sur un terrain concave et jamais sur un terrain élevé. Il doit être tassé et arrosé ; le fumier tassé et bien retroussé perd beaucoup moins que celui qui ne l'est pas.

11° Le fumier placé sur une aire bétonnée, garnie de deux fosses à purin aux extrémités, couvert d'une toiture quelconque, en bois, genêts ou chaume, pourvu que les eaux pluviales ne viennent pas le laver et les rayons du soleil le sécher, ce fumier a conservé ses principes de fertilité et vaut 100 p. 100 de plus que les fumiers ordinaires.

Ce résultat ne vaut-il pas la peine de donner des abris à toutes nos places à fumier ?

AGRICULTURE

APERÇU
HISTORIQUE, GÉOLOGIQUE ET AGRICOLE
DES
26 COMMUNES
COMPOSANT LE CANTON DE LAMARCHE

Indications nouvelles de 1882

Les communes du canton.

AINVELLE

462 habitants. Superficie du ban, 902 hectares.
Sol cultivé, 532 hectares. Prairies naturelles, 70 hectares. Luzernes, 30 hectares. Vignes, 90 hectares.
Vergers et pàtis, 30 hectares. Forèts, 150 hectares.
Il y a dans la commune 70 petits cultivateurs et
même nombre de vignerons, il n'y a pas de grande
ferme, les principaux cultivateurs sont : MM. De-

frain, Phulpin, Hugues Édouard, Phulpin Jules et
Renard Édouard, chacun laboure 35 hectares,
25 hectares, 16 hectares et 15 hectares. On cultive
les trèfles et luzernes avec succès, peu de betteraves. On y entretient 10 bœufs de travail, 120
vaches, 102 chevaux. On n'y graisse pas les bœufs,
il existe des chemins de défruitement pour toutes
les saisons, chose remarquable. On commence à
utiliser les purins, il existe 2 purinières. Le sol est de
formation argilo-calcaire, et partie argilo-siliceux ;
voilà donc une commune dans le progrès.

BLEVAINCOURT

385 habitants dont 38 cultivant. La superficie
du territoire est de 861 hectares 63 ares, dont 452
hectares en culture, 83 hectares en prés naturels
et prairies artificielles, 36 en pâtis et vergers,
271 hectares en forêt, il n'y a pas de grandes
exploitations, les principaux cultivateurs sont :
MM. Laprevotte Constant, Jacquemin Eugène,
Lallement Jules, Lhuillier Prosper, Brutel Joseph,
Lanetteux, etc. On cultive les trèfles et luzernes,
mais en petite quantité. On y entretient 12 bœufs
de trait avec 125 chevaux, 120 vaches laitières,
250 moutons, 150 porcs ; on y engraisse rarement
le gros bétail ; il n'y a pas de chemin d'exploitation, ce qui est fâcheux, en revanche il y a 10 pu-

rinières qui fonctionnent dans la commune, ce qui est un progrès..

Le sol est de formation argilo-calcaire.

CHATILLON-SUR-SAONE

538 habitants dont 80 cultivateurs et 60 manœuvres cultivant 180 maisons de culture. Superficie du ban : 921 hectares, dont 400 hectares cultivés, 150 hectares de prés naturels, 50 hectares de prairies artificielles, 15 pâtis et vergers, 80 hectares de vignes et 180 hectares de forêts. Le cultivateur principal est M. Durand. 4 hectares à chaque sole avec beaucoup de prés. On y entretient 120 bœufs de trait, 40 chevaux, 150 vaches, 100 élèves, 100 moutons, 300 porcs. On cultive peu la betterave. Il y a sur le territoire deux chemins de grande communication, mais il n'y a pas de chemins de défruitement ; il n'y a ni place à fumier, ni purinière, ce qui n'est pas satisfaisant. Le sol est argileux, argilo-calcaire, argilo-siliceux. Châtillon possède 4 foires, les 26 février, 10 juin, 27 août, 10 novembre.

DAMBLAIN

775 habitants dont 45 cultivateurs et 64 petits manœuvres exploitant 135 maisons de culture. Les fermiers ou propriétaires cultivant sont : MM. Vi-

not Léon, Floriot, Urbain, Xaverdet, Beulné, Gautrot, Nory, Vincent et Morel, exploitant 40 hectares chacun. Superficie du territoire 1325 hectares, dont 788 en terres labourables, 120 hectares de prairies artificielles, 154 hectares de prés naturels, 6 hectares de vergers et plantations, 263 hectares de forêts. Le sol est argilo-calcaire ; il y a possibilité de créer des prés. On y cultive toutes les légumineuses, luzerne, trèfle, sainfoin, lupuline, il y a une industrie agricole, une distillerie de betteraves. 35 bœufs de travail et 195 chevaux forment les animaux de trait. 280 vaches et élèves, 400 moutons et 135 porcs sont entretenus. Il y a des étalons percherons et des taureaux Durham. Les chemins sont suffisants et bien entretenus. On donne à l'école des notions d'agriculture. Il y a longtemps que le territoire n'a souffert de la grêle. Il n'y a pas de drainages, non plus de purinières. On n'utilise pas les purins.

FRAIN

389 habitants. 37 cultivateurs, 6 manœuvres exploitant 119 maisons, un moulin à l'écart dont les dépendances sont cultivées par le propriétaire ; 37 cultivateurs, 6 manœuvres exploitant ; les cultures sont d'une charrue et dix d'une demi-charrue, MM. Leclerc Émile, Audinot Martin, Thieriot Martin, Guillemin. Villemin Philippe, Lallemand

frères, Merlin Prosper, Royer, sont tous propriétaires. Berthaux Philbert, Berthaux Théosime,
Thieriot Joseph, Jonnet Jules, Poinçot, sont des fermiers. La superficie du territoire est de 754 hectares, dont 398 en culture, 50 hectares de prés naturels pour 28 hectares de luzerne et autres. Vergers, plantations, 18 hectares. Vignes 9 hectares et
forêts 229 hectares. On entretient 9 bœufs, 190 vaches et élèves, 100 chevaux, 150 porcs, les purins
sont perdus. Il y a une faucheuse-moissonneuse,
deux herses à cheval. Il n'y a pas de chemin d'exploitation. Sol argilo-calcaire et argilo-siliceux.

FOUCHÉCOURT

275 habitants. 24 cultivateurs, 50 journaliers,
ouvriers agricoles. 60 maisons d'exploitation, chacun cultive avec une charrue, ainsi M. Bastien,
propriétaire, exploite 28 hectares. M. Pierre
Pothier, 16 hectares. M. Nicolas Alexandre, 15 hectares. Félix Louis, fermier, 19 hectares. La superficie du territoire est de 465 hectares, 75 ares,
dont 243 en culture, pour 22 hectares de prairies
artificielles, 47 hectares de prés naturels, 8 hectares de vergers et pâtis, 32 hectares de vignes et
101 hectares de forêt. Le sol est de formation argilo-
calcaire, on y cultive le trèfle, la luzerne et le mé-
lilot. On produit peu de betteraves fourragères. On
entretient 26 bœufs et 3 chevaux de travail, 55 va-

ches, 15 élèves, 120 porcs, on n'y graisse pas les bœufs, point d'étalons dans la commune. Les chemins de grande communication sont bons, mais il n'y a pas de chemins ruraux. On ne donne pas à l'école des notions d'agriculture ; il n'y a pas d'instruments aratoires perfectionnés. M. Pothier a donné l'exemple des avantages qui résultent du drainage, il a drainé une prairie qui fournit maintenant une double récolte. Et le croirait-on, il n'a pas eu d'imitateur. Il n'y a pas de purinière, on n'utilise pas les purins.

GRIGNONCOURT

244 habitants. 35 cultivateurs, 18 manœuvres cultivant, toutes les cultures sont d'une charrue ; les propriétaires exploitant sont : Drouhot Joseph, pour 13 hectares. Drouhot Charles, pour 11 hectares. Roussel Denis, 9 hectares 50. Guy Léopold, 24 hectares. Voirin Pierre, 9 hectares. Breton, 10 hectares. Guillaume Louis, 10 hectares. Severin, 8 hectares 50 et Jacotin 13 hectares. L'étendue du territoire est de 665 hectares dont 418 en terres labourables, 105 en prairies artificielles, 71 en prés naturels, 33 hectares de pâtis, 38 hectares de vignes et vergers. Le sol est argileux à l'étang et au Vénot, calcaire au haut de la Fraude, petite oolithe, sablonneux sur la Saône. On cultive les légumineuses. 70 bœufs, 20 chevaux, forment les

animaux de trait, 90 vaches, 30 élèves, 80 moutons, 200 porcs. On élève des bœufs que l'on vend à l'âge de 4 ou 5 ans, bonne race comtoise. On donne des notions d'agriculture à l'école. Les purins sont loués pour arroser un pré nouveau. Les places à fumier et les purinières laissent à désirer.

ISCHES

704 habitants, 65 cultivateurs, 42 manœuvres, exploitant 60 maisons de ferme, 10 fermes à une charrue.

Les principaux cultivateurs sont : MM. Fenaret, 20 hectares. Richard, 13 hectares. Brénier, 14 hectares. Dargent, 13 hectares. Bellin, 12 hectares. Barbier, 11 hectares. Humbert et Petitot, 10 hectares. La superficie du sol est de 1360 hectares dont 918 hectares en terre, 55 hectares en prairies artificielles, 116 en prés naturels, 18 hectares en vergers et plantations, 72 hectares en vignes, 171 en forêts ; formation du sol argilo-calcaire. On y cultive la betterave. 40 bœufs, 130 chevaux sont les bêtes de trait. 140 vaches et 25 élèves, 200 moutons, 250 porcs, sont les bêtes de rente. On n'y élève pas de bœufs. Les étalons et taureaux sont beaux, de race percheronne et race comtoise; il y a des chemins vicinaux et de grande communication, point de chemins ruraux. On ne donne pas à l'école de notions d'agriculture, point de cas de grêle, point de drainage ; deux ou trois cultivateurs réservent les purins. Généralement ces purins sont perdus, puisqu'il se trouve à peine deux ou trois purinières au village.

Isches a 6 foires très importantes : les 29 février, 30 mars, 15 mai, 24 juillet, 12 septembre, 26 novembre. Il n'y a pas d'industries agricoles, on pourrait cependant y élever du bétail en grand.

SAINT-JULIEN

407 habitants. 49 propriétaires cultivateurs, 15 manœuvres cultivant. Superficie 1411 hectares, dont 606 hectares cultivés, 200 hectares de prairies naturelles, 45 hectares de luzerne et sainfoin, 35 hectares de vignes, 25 hectares de pâturages, 500 hectares de forêts ; il y a une seule ferme à une charrue, dont le fermier est M. Guyot. les propriétaires exploitant sont : MM. Larché (Nicolas), Suprin Philippe, Vagney Théophile, ils cultivent 15 à 20 hectares chacun : MM. Playe François et Jacquot Alexandre réunissent la qualité de fermier à celle de propriétaire ; à côté d'une grande prairie, on entretient 45 hectares de trèfle et luzerne. Les animaux de travail sont : 90 bœufs et 70 chevaux, 155 vaches et élèves, 200 moutons, 180 porcs. Outre les grands chemins de la voirie, chaque saison a son chemin d'exploitation. On ne comprend pas l'utilité du purin. Sol calcaire et siliceux.

LIRONCOURT

255 habitants. 32 cultivateurs, dont 6 fermiers, 35 vignerons. 4 écarts, chacun cultive un lopin de terre de 4 à 5 hectares au plus, pour les trois saisons. Le territoire est de 470 hectares dont 236 en culture, 45 hectares de prés naturels, 15 hectares de prairie artificielle, 8 hectares de pâtis et vergers. 60 hectares de vignes et 92 hectares de forêts. On cultive la luzerne et le trèfle sur une petite échelle, peu de betteraves, on n'utilise pas les purins, il n'y a pas de purinières, on ne connait pas les instruments aratoires perfectionnés; un seul chemin de grande communication traverse le territoire, il n'y a pas de chemin d'exploitation; cependant un travail important a été exécuté pour l'assainissement de la prairie dans le cours de 1880 et 81, c'est le seul progrès à signaler en cette commune.

Le sol est argileux dans l'étendue des vignes, argilo-calcaire dans les terres cultivées et siliceux dans la prairie.

MAREY

A 232 habitants. 34 cultivateurs, 28 manœuvres agricoles, 75 maisons d'exploitation, 6 corps de ferme dont une seule est pourvue d'une maison de ferme celle de M. Dechassaux, les autres fermiers du lieu ont leur maison. Les principaux cultivateurs sont : MM. Chapiat (Maurice), Maurice (Albert), Maurice (Adrien), Rouyer (Jean-Baptiste) Pierrefite, exploitant de 18 à 23 hectares superficie totale 789^h 52^a dont 491^h 70 en culture. 25 hectares de prairies artificielles, 65 hectares de prés, 18 hectares de pâtis et paturage, 21 hectares de vergers et plantations, 10 hectares de vignes, 140 hectares de forêts, le sol est de formation argilo-calcaire pour 5|8es et siliceux pour 3|8es on ne peut augmenter les prés. Les luzernes, trèfles et lupulines produisent ; point de betteraves, beaucoup de pommes de terre. 12 bœufs, 103 chevaux sont les animaux de trait, 167 vaches et élèves, 100 porcs, point de bœufs de graisse, point d'étalons, point de troupeaux de moutons, il y a des chemins ruraux mauvais. On donne des notions d'agriculture, point de charrons et maréchaux, point de drainage. On n'utilise pas les purins, point de purinières. On commence à utiliser les instruments perfectionnés.

MARTIGNY-LES-LAMARCHE

1143 habitants dont 184 cultivateurs, 53 travailleurs agricoles, 252 maisons d'exploitation annexe et écarts, une ferme à 3 charrues Boëne, une autre à une charrue la Bretonnière, les principaux cultivateurs sont : MM. Barjonnet Charles, exploitant 46 hectares ; Dubois Joseph, 46 hectares ; Planté Henry, 32 hectares ; Gillet, 39 hectares ; Gauthier Denis, 26 hectares ; Chaise Xavier, 24 hectares ; Lhuillier Victor, 23 hectares ; Bailly Victor, 22 hectares ; Dubois Jules, 20 hectares ; Lhuillier Joseph, Bourcier Baptiste, Thiébaut Victor, Villaumé et Dharréville, chacun 16 hectares. Superficie du ban 2923 hectares, dont 1511 hectares en terres cultivées, 52 hectares de prairies artificielles, 200 hectares de prés naturels, 19 hectares vergers et plantations, 97 hectares de vignes, 1044 hectares de forêts : composition de terres fortes, moitié argilo-calcaires, moitié complétement argileux ; il y a possibilité d'augmenter les prairies. On cultive avec succès toutes les légumineuses ; mais on fait peu de betteraves. 300 bœufs et 250 chevaux forment les animaux de trait, 240 vaches et élèves, 86 porcs, le commerce et l'élevage des bêtes à cornes, sont des industries secondaires. Reproducteurs de peu de valeur, étalons 1|2 sang. Exploitation facile avec des chemins nombreux et entretenus, point de drainage, point d'aire à fumier, point de purinières, les purins arrosent fort désagréablement les cassis. On donne des notions agricoles à l'Ecole ; les instruments perfectionnés sont les moissonneuses, les batteuses et autres.

MONT-LES-LAMARCHE

420 habitants. 60 cultivateurs, 38 manœuvres exploitant. 98 maisons servent à l'exploitation. Une seule ferme isolée, celle du Bois-Brûlée, d'une charrue. MM. Perrin Onésime, Monceau Baptiste, Petit Nicolas, Petit Clémentin, Anglade Siméon, cultivent chacun de 16 à 20 hectares. Le territoire comporte 709ᵃ 58, dont 306 en culture ; 51 hectares, prés naturels ; 34 hectares, prairie artificielle ; 80 hectares de pâturage et pâtis, 10 hectares de vergers et plantations, 36 hectares de vignes, 176 hectares de forêts, 16 hectares de défrichement ; le ban possède 8 hectares de terres qui peuvent faire de bons prés. On cultive peu de betteraves. On y entretient 22 bœufs de trait, 52 chevaux, 151 vaches et élèves, 67 moutons, 89 porcs. 2 routes sillonnent le territoire, point de chemins ruraux pour le défruitement. On ne retient pas les purins, il n'y a pas de purinières. Il n'y a pas d'instruments aratoires perfectionnés, il n'y a pas de charron et de maréchal pour la réparation des instruments, la commune est cependant en face d'Andoivre, où il y a eu de belles cultures. Le sol est argilo-calcaire.

MORIZÉCOURT

359 habitants. 40 cultivateurs, 70 manœuvres journaliers ayant un petit fond de terre. 125 mai-

dont 530 hectares en terres labourables, 5 hectares de prairies artificielles pour 90 hectares de prés naturels, 12 hectares en verger et plantations, 35 hectares en vignes et 295 hectares en forêts.

Sol argilo-calcaire sur les hauteurs, argilo-siliceux dans le bas, peu de prairies artificielles mais tous les ans on crée de nouveaux prés naturels ; peu de betteraves. 60 bœufs de travail, 70 vaches, 30 chevaux et 80 porcs forment le matériel vivant. Le territoire est traversé par un chemin de grande communication de Serecourt à Frain et celui de Martigny à Tignécourt, mais point de chemin d'exploitation et on ne songe pas à en faire, il n'y a pas d'instruments perfectionnés. On voit que les cultivateurs de cette localité possédant de bons prés naturels, négligent les prairies artificielles et la culture des betteraves si utiles pour les bêtes à cornes ; point d'aire à fumier, point de purinières.

ROBÉCOURT

338 habitants, 14 cultivateurs, 35 journaliers agricoles, 48 maisons de culture, la Fennecière de 130 hectares est la seule grande exploitation, cette ferme est exploitée par MM. Louis et Charles Joly, les autres terres du territoire sont divisées entre MM. Thouvenin François, qui cultive 30 hectares, Mangenot Auguste, 28 hectares, Parisot, 24 hectares, Lassauce, 23 hectares, Charles, 22 hectares,

Martin, 20 hectares, les trois frères Parisot, 60 hectares, Fevrel François, 18 hectares, la superficie du ban est de 878 hectares, dont 445 en culture, 23 en prairies artificielles, 156 hectares en prés naturels, 6 en pâtis, vergers, 220 hectares en forêts. Le sol est argilo-calcaire, partie argilo-siliceux, on cultive trèfles et luzernes, les betteraves fourragères. On entretient 12 bœufs, 97 chevaux, 99 vaches, 86 bouvillons, 194 porcs, les chemins sont en bon état. On donne des notions d'agriculture à l'école ; il y a des places à fumiers, point de purinières.

ROCOURT

Petite commune de 86 habitants, dont 8 cultivateurs, on y trouve 10 maisons de culture, les fermes sont d'une charrue. M. Lombard Léopold cultive 20 hectares, c'est le plus fort cultivateur ; le territoire est de 182 hectares, dont 60 en terres labourables, deux en luzernes, 32 en prés naturels, 4 hectares de verger et plantation, 4 hectares de vignes et 80 hectares de forêts ; le sol est argilo-calcaire et argilo-siliceux. On y cultive peu les légumineuses et les betteraves. On y entretient 6 bœufs de traits, 25 chevaux, 33 vaches et élèves. On ne nourrit pas de bœufs à l'engrais. Chemins en bon état. On n'utilise pas les instruments nouveaux. On ne fait pas profit des purins, il n'y a ni purinières, ni place à fumier. On donne à l'école des notions d'agriculture.

ROMAIN-AUX-BOIS

329 habitants, 16 cultivateurs, 12 manœuves cultivant. MM. Godard Hubert, Godard Andelot et Godard Martin, exploitent chacun de 15 à 18 hectares ; la superficie du territoire est de 814 hectares, dont 345 hectares en culture, 6 hectares en luzernes et sainfoins, 50 hectares en prairies naturelles, 28 hectares en pâturages, 5 hectares de vergers et plantations, 10 hectares de vignes et 349 hectares de forêts. La formation du sol est argilosiliceux ; on cultive les légumineuses en petite quantité, et annuellement 14 à 15 hectares de betteraves. On entretient dans la commune 16 bœufs de traits, 47 chevaux, 140 vaches et élèves, 105 porcs, point de moutons. Les chemins vicinaux sont bons, mais les chemins ruraux très mauvais. On donne des notions d'agriculture ; on n'utilise pas le purin il n'y a ni purinières, ni places à fumier.

ROSIÈRES-SUR-MOUZON

Petite commune de 267 habitants, dont deux cultivateurs et 16 propriétaires exploitant deux maisons de ferme ; les cultivateurs sont MM. Lombard Arsène et Collin Félix. Surface du territoire : 262

hectares ; 80 hectares de terres labourables, 2 hectares de prairies artificielles, 50 hectares de prés naturels, 40 hectares de pâtis et pâturages, 1 de vergers, 3 hectares de vignes, 56 hectares de forêts. Sol argilo-siliceux, marneux en quelques endroits, on y cultive la luzerne et le trèfle, on ne cultive pas la betterave. 10 bœufs et 83 chevaux forment les animaux de traits, 150 vaches et élèves, 150 porcs ; on y engraisse les bœufs. Il n'y a point de reproducteurs. Les chemins d'exploitation sont en état. On donne à l'école des notions d'agriculture. M. Lallement est un constructeur d'instruments perfectionnés, il fait de bonnes charrues et des grands vans. On n'utilise pas les purins, il n'y a pas de purinières, ni places à fumier.

SÉROCOURT

331 habitants. 78 petits cultivateurs, 24 manœuvres exploitants, une cense à 2^{km} 700^m de la commune, la ferme de Haumont, exploitée par François Aimé, 28 hectares plus les prés ; puis les propriétaires cultivants sont, MM. Gury Antoine, 18 hectares ; Gaillot Auguste, 10 hectares ; Gaillot Constant, 13 hectares ; Claudot Léon, 10 hectares ; Leclerc Théodule, 12 hectares, Singulin, 16 hectares et Linard Firmin, 10 hectares. La superficie du territoire est de 1107 hectares, dont 560 hectares de terres, 87 hectares de prés, 16 hectares de

prairies artificielles, 14 hectares de pâtis et vergers, 9 hectares de vignes et 372 de forêts. Quelques propriétaires créent des pâturages ; d'autres ont défriché et planté des vignes sous le Haumont dans d'assez bonnes conditions. On y entretient 65 bœufs, 76 chevaux, 90 vaches, 200 porcs. Il existe 3 chemins vicinaux, 2 de grande communication, point de chemins ruraux. 1 hectare de betteraves. On utilise peu le purin, point de purinières. 1 bisocs, une charrue fixe, 1 buttoir sont les seuls intruments perfectionnés. Sol argileux au nord, siliceux à l'est, terre franche au centre.

LES THONS

505 habitants. 50 cultivateurs, 12 journaliers exploitants, une maison de ferme ; les plus forts cultivateurs sont, MM. Morel Augustin, 50 hectares, Hugo Jules, 25 hectares, Demange Alexandre 22 hectares et Larche Michel, 20 hectares. La superficie du territoire est de 1009^{hc} 19^a, dont 493 hectares en culture, 3^{hc} 50^a de luzerne, 110 hectares de prés naturels, 26^{hc} 50^a de vergers et plantations, 62 hectares de vignes, 300 hectares de forêts, 14 hectares de défrichements. Le sol est généralement argilo-calcaire ; toutes les terres susceptibles de faire des prés naturels ont été converties ; on cultive la betterave et le rutabaga. On entretient 60 bœufs de travail, 80 chevaux, 130 vaches, et

élèves, 200 moutons, 120 porcs ; on graisse quelques
bœufs, les reproducteurs sont de race percheronne
pour les chevaux et de la race Durham pour les
vaches. La commune se pourvoit en ce moment pour
avoir des chemins de défruitement. On donne à
l'école des notions d'agriculture ; ni charron, ni
maréchal ferrant. On fait peu de drainage, mais
seulement des rigoles d'assainissement. On n'utilise
pas le purin, on ne construit ni purinières, ni places à fumier.

SENAIDE

825 habitants avec l'orphelinat. 200 ménages
comptant 632 personnes, sont occupés à la culture
des terres et des vignes. Superficie du territoire :
1215^{hc} 38^a, dont 650 hectares en terres, 164 hectares
en prairies artificielles, 87 hectares en prés naturels, 13^{hc} 40^a en pâtis et vergers, 151^{hc} 83^a de vignes, 111 hectares de forêts ; 3 hectares de défrichements ; 240 habitations renferment des étables.
La ferme d'Andoivre est la seule exploitation agricole qui forme annexe à la commune, elle est de 65
hectares. Les principaux cultivateurs sont, MM.
Trelly Athanase, Trelly Siméon, Michaux Jean,
Baptiste, Tétu Emile, Garnier, Paris, Defrain, faisant valoir leurs propres terres, 18 à 20 hectares
chacun, puis il y a l'Orphelinat qui prospère.
Ce chiffre de 164 hectares de luzernes et sain-

foins indique un grand progrès dans l'exploitation, quoiqu'on fasse peu de betteraves. 100 chevaux et 4 bœufs sont les seuls animaux de traits, 140 vaches et veaux. Point de voies d'exploitation. Sol argilo-calcaire. Point de purinières ; un vigneron cultive ses vignes avec la petite charrue vigneronne.

SERÉCOURT

580 habitants. 76 cultivateurs et 40 manœuvres cultivants. Superficie du ban : 1370^{hc} 50^a, dont 831 hectares de terres cultivées, 113 hectares de prés naturels, 100 hectares de prairies artificielles, 9^{hc} 58^a de vergers, 52 hectares de vignes, 300 hectares de forêts ; outre ces contenances, la culture a obtenu par son travail le bénéfice des défrichements des pierriers et haies sur une grande étendue. Les luzernes, trèfles et minettes y sont cultivés sur une grande échelle; mais il n'y a pas de betteraves. MM. Chardin Michel, avec 20^{hc} 46^a, M. Brenier Alfred, avec 19 hectares, Chardin Henry, avec 18 hectares et Régnier Cyrile, avec 17 hectares sont les principaux cultivateurs. Il n'y a pas une purinière dans la commune ; on n'utilise pas les instruments perfectionnés. Il existe, en effet, des chemins d'exploitation au périmètre des saisons, mais ils sont dans un piteux état. Les cultivateurs entretiennent 200 bœufs et bouvillons, 90

chevaux, 250 vaches et génisses, 200 moutons, 380 porcs. Serécourt possède un des meilleurs territoires. Sol argilo-calcaire compacte et grès bigarré.

TIGNÉCOURT

487 habitants. 41 cultivateurs, 40 manœuvres cultivants. Surface du territoire : 1890ʰᶜ 89ᵃ ; 523 hectares de terres labourables, 65 hectares de prés, 18 hectares de prairies artificielles, 26 hectares de pâtis et vergers, 25 hectares de vignes, 1222 hectares de forêts, 57 hectares de défrichements, 7 hectares d'étang. Le ban possède 30 hectares de terre qui peuvent très facilement être converties en prés, ce changement contribuerait à la prospérité des cultivateurs. On y entretient 65 bœufs de traits, 54 chevaux, 126 vaches, 35 veaux, 225 porcs ; ce territoire très considérable n'est exploité qu'au tiers de son étendue. Les chemins vicinaux sont nombreux, mais il n'y a pas de chemin d'exploitation au périmètre des saisons. On n'utilise pas les purins, il n'y a pas de purinières. MM. Caytel Désiré cultive 16 hectares ; Caytel Stanislas, 13 hectares, Orbillot Joseph, 12 hectares ; propriétaires exploitants ; les fermiers sont, MM. Thouvenot Louis, 33 hectares ; Raguet Eugène, avec 15 hectares. Sol argilo-calcaire, argilo-siliceux.

TOLLAINCOURT

386 habitants. 15 cultivateurs, 18 manœuvres cultivants, 15 maisons d'exploitation ; il n'y a pas de grosse ferme ; mais 14 à une charrue et une à 2. MM. Simon, 50 hectares ; M. Petit 30 hectares ; tous les autres ont de très petites exploitations. Le ban est de 1226^{he} 78^a ; terres labourables, 367 hectares ┆pour 7 hectares de prairies artificielles, 150 hectares de prés naturels, 27 hectares de vergers et plantations, 25 hectares de vignes, 650 hectares de forêts. Le sol est de formation argilo-calcaire pour moitié et argilo-siliceux pour l'autre partie. On cultive peu la luzerne et le sainfoin, parce qu'on est gâté par les bons prés naturels de la vallée du Mouzon, il en est de même des betteraves. On entretient 100 chevaux, 30 bœufs de travail, 230 vaches et élèves, 200 moutons ; on n'y graisse pas de bœufs. Les chemins sont bons. On donne à l'école des notions d'agriculture. On n'utilise pas les instruments perfectionnés. On utilise le purin, il y a dans la commune des purinières et des places à fumier convenablement construites.

VILLOTTE

527 habitants, dont 18 cultivateurs, 2 manœuvres, une seule ferme. Sur le territoire, MM. Leclerc

Emile, Pommageot Alphonse et Liégeois Hyppolite, cultivent 30 hectares chacun. La superficie du territoire est de 906 hectares, dont 309 hectares en culture pour 15 hectares de luzerne ou sainfoin, 100 hectares de prairies naturelles, 55 hectares de vergers et plantations, 75 hectares de vignes, 353 hectares de forêts. Le sol est argileux et argilocalcaire. On cultive sans succès les luzernes et trèfles, un peu de betteraves. On entretient 15 bœufs de traits, 80 chevaux, 265 vaches et élèves, 300 moutons et porcs, point d'étalons au village ; il n'y a pas de chemins de défruitement. On enseigne l'agriculture et l'arboriculture, point d'instruments perfectionnés, les purins sont peu utilisés. Une seule purinière est construite depuis quelques mois ; honneur à ce propriétaire.

LAMARCHE

Lamarche et son annexe Oreilmaison, 1693 habitants, 191 cultivants, 14 bâtiments destinés à la culture du sol. Une seule ferme se trouve dans l'isolement, c'est celle de Rappéchamp. Les cultivateurs les plus gros sont, MM. Bonnet, Henry, Genard et Jimaux pour une superficie totale de 299 hectares.

Le territoire de Lamarche est considérable, il présente dans son ensemble 3129 hectares, dont 1356 hectares en terres labourables, 65 hectares en prairies artificielles, 278 hectares en prés naturels,

3 hectares en landes et pâtis, 58 hectares en jardins, chenevières et vergers, et 135 hectares en vignes et 1234 hectares en forêts. Le sol est généralement argilo-siliceux. Les prairies naturelles peuvent être augmentées, parce que le ban possède une grande quantité de terres propres à la création de ces prairies. On cultive la luzerne et le trèfle et peu la betterave fourragère.

On entretient dans la commune 80 bœufs, 90 bouvillons et génisses, 171 vaches, 167 chevaux, 243 porcs, 12 chèvres et 1 bouc, 2200 volailles, point de moutons. Les étalons sont de race Lorraine et Comtoise, très ordinaires. Il y a des routes et des chemins de communication, mais il n'y a pas de chemins ruraux et de défruitement au périmètre des saisons ; les chemins qui existent sont bons et bien entretenus, les chemins forestiers, par exemple, sont dans le plus mauvais état.

On donne à l'école des notions d'agriculture. Il n'y a pas dans la commune de charrons et de maréchaux s'appliquant à perfectionner les instruments d'agriculture.

On a fait peu de travaux de drainage. On n'utilise pas les purins très abondants. Il n'existe pas dans la commune d'aire ou forme pour recevoir les fumiers, par suite il n'existe pas de purinières.

Tableau synoptique des cultures et améliorations introduites dans les terres du canton.

COMMUNES.	POPULATION	SUPERFICIE générale.	en culture.	PRAIRIE naturelles.	artificielles.	VIGNES.	VERGERS jolis et plantations.	FORÊTS et défrichements.
amarche et Oreilmaison	1 693	3 129	1 356	278	65	135	58 Landes 3	1 235
inville	462	902	532	70	30	90	30	150
levaincourt	385	861	452	83	19		36	271
Chatillon-sur-Saône	538	921	400	150	50	80	15	180
amblain	775	1 325	788	154	120		6	263
rain	389	751	398	50	28	9	18	220
ouchecourt	275	465	243	47	22	32	8	101
Grignoncourt	244	665	418	71	105	38	33	13
eches	704	1 360	918	116	55	72	18	171
aint-Julien	407	1 411	606	200	45	35	25	509
ironcourt	255	470	236	45	15	60	8	92
arey	232	789	492	65	25	10	40	140
artigny	1 143	2 923	1 511	200	52	97	19	1 014
ont	420	709	306	51	34	36	90	176 Défric.
orizécourt	359	1 068	530	90	5	35	12	295 Défric.
obécourt	338	878	445	156	23		6	220
ocourt	36	182	60	32	2	4	4	80
omain	329	814	345	50	6	10	33	319
osières	267	263	80	50	2	3	40	56
enaide	825	1 215	650	87	164	152	15	111
erécourt	590	1 370	831	113	100	52	10	300
ercourt	331	1 107	560	87	16	9	45	372
es Thons	505	1 000	493	110	4	62	26	300 Défric.
ignécourt	487	1 891	523	65	18	25	20	1 222 Défric.
ollaincourt	386	1 226	307	150	7	25	27	650
illotte	527	906	309	100	15	75	55	353
TOTAUX	**12 942**	**28 613**	**13 649**	**2 670**	**1 027**	**1 146**	**675**	**8 905**

NATURE DU SOL.	OUVRIERS AGRICOLES cultivateurs.	manœuvres.	BÉTAIL DE TRAIT Bœufs.	Chevaux.	PURINIÈRES OU AIRE A FUMIER.
Argilo-siliceux.	4	80 Bœufs 90		167	
Argilo-calcaire et 1/2 argilo-silic.	70	70	10	102	2 purinières.
Argilo-calcaire.	37	21	12	125	10 purinières.
Argilo-calcaire et argilo-siliceux.	80	60	120	40	Point.
Argilo-calcaire.	45	64	50	195	Une distillerie de betteraves.
Argilo-calcaire et argilo-siliceux.	37	6	9	100	Point.
Argilo-calcaire.	24	50	26	3	Drainage Pothier.
Calcaire petite et oolite siliceux.	35	18	70	20	On lonc les purins.
Argilo-calcaire.	65	42	40	130	3 purinières.
Calcaire, siliceux.	49	15	90	70	On n'utilise pas les purins.
argileux vigneux, argilo-calcaire terres siliceux près.	32	35	12	25	On n'utilise pas les purins.
Argilo-calcaire 5/8, siliceux 3/8.	31	28	12	103	Point de purinière.
terres fortes, 1/3 argileux et 1/3 argilo-calcaire.	184	53	300	250	Point de purinière.
Argilo-calcaire.	60	38	22	52	Point de purinière.
Argilo-calcaire et argile-silic. en bas.	40	70	60	30	Point de purinière, très bons prés.
Argilo-calcaire et argilo-siliceux.	11	»	12	97	Places à fumier sans purinière.
Argilo-calcaire et argilo-siliceux.	8	25	6	25	Point de purinière.
Argilo-siliceux.	16	12	16	47	Point de purinière.
Argilo-siliceux.	2	16	16	83	Point.
Argilo-calcaire.	632 cultivant		4	100	Orphel., ferme d'Ind., cult. de la vigne à la charr.
Argilo-calcaire, gré bigarré.	76	40	200	90	Point de purinière, territoire fertile.
argilo-siliceux au Nord et siliceux à l'Est.	70	21	65	70	Point de pur., on a fait des règles d'assainissement.
Argilo-calcaire.	50	12	60	80	Point de purinière.
Argilo-calcaire et argilo-siliceux.	41	40	65	54	Point de purinière.
1/2 argilo-calcaire, 1/2 argilo-silic.	15	18	30	100	Il y a des purinières et des places à fumier.
Argileux et argilo-calcaire.	18	2	15	80	Une seule purinière établie depuis quelques mois bonsoir à ce propriétaire.
	1 735	**839**	**1 431**	**2 238**	

Résumé des notes qui précèdent.

Nous ne pouvons pas appliquer au canton de Lamarche cette appréciation que les auteurs de statistiques ont formulée précédemment, en parlant des Vosges, en général, ils ont dit :

« Plus de vignes dans cette zône à température » froide et inconstante, la vendange y est remplacée » par la récolte certaine des pommes de terre. »

Le canton de Lamarche fait heureusement exception à la règle, en raison de sa situation et de la température qui y règne plus douce et plus constante que dans les cantons voisins. On peut remarquer que, dans la moitié des territoires qui le composent, ou à peu près, on y exerce une culture mixte, c'est-à-dire que la culture des céréales s'associe à celle de la vigne, situation avantageuse dans certaines années.

En effet, par les indications que nous avons recueillies, nous pouvons signaler des vignobles importants comme celui de Senaide, avec 152 hectares, ceux des côteaux de Lamarche, avec 135 hectares, celui d'Ainvelle, avec 90 hectares, d'Isches, avec 72 hectares, de Lironcourt, avec 60 hectares, de Martigny-les-Bains, avec 97 hectares, de Vilotte, avec 75 hectares, des Thons, avec 66 hectares, de Châtillon-sur-Saône, avec 80 hectares. Ces communes font du

vin et du vin de très bonne qualité, car les produit
de Lamarche, de Senaide et de Mont, équivalent :
ceux de Bourbonne et de Cerqueux, qui ont une ré
putation méritée, ces vendanges s'ajoutent aux ré
coltes des céréales et apportent ainsi à l'exploita
tion un double avantage.

C'est le cas de parler, ici, du grand vignoble d
Senaide, le plus important de la contrée ; tous le
habitants de cette commune sont vignerons, tout l
monde travaille les terres arables ou les vignes ;
est vrai de dire qu'avec 650 hectares en grand
culture et 152 hectares en vignes, c'est beaucoup d
besogne pour une population de 825 habitants.

Aussi, cette réflexion est-elle venue souvent :
l'esprit de M. Jacquot, instituteur en cette localité
vigneron lui-même et fort intelligent, il a pens
que l'on pourrait gagner du temps et achever l
travail qui incombe à la commune, en introduisan
dans l'outillage de l'exploitation des vignes. l
charrue vigneronne, ainsi qu'on le pratique dan
quelques contrées de la Bourgogne et du Bordelais
ce serait assurément le moyen de hâter le façor
nage des vignes, on objectera peut-être que l'espac
ment du cépage pour permettre la marche de l'ins
trument serait une cause de diminution dans l
produit, c'est une erreur ; les ceps dans une vign
ordinaire sont ordinairement espacés à 50 ou 6
centimètres, il faudrait pour le libre fonctionnemer
de la charrue 70 ou 80 centimètres pas plus et nou
devons croire que l'air et l'action du soleil, fou

nissent dans cette condition, autant de raisins et plus de qualité.

Le vignoble de Senaide a une réputation bien établie pour la valeur de ses vins ; ses produits s'élèvent parfois à 10.000 hectolitres pour 151 hectares, ce qui représente 69 à 70 hectolitres à l'hectare, c'est un rendement très beau pour du vin de bonne qualité.

Ce territoire, avec sa culture mixte, réunit à cet avantage celui de produire une récolte moyenne dans l'une de ses exploitations.

Nous signalons donc ici les efforts persévérants de M. Jacquot pour faire adopter sa méthode par une partie des propriétaires vignerons, qui possèdent des parcelles assez étendues et sans enclaves dans lesquelles la charrue pourra fonctionner sans difficulté.

Il est à désirer que le comice de Neufchâteau, dans l'une de ses courses prochaines — vers Lamarche, prenne la peine de se rendre à Senaide, pour constater les avantages du système suivi par M. Jacquot, et pour lui décerner une récompense bien méritée par ses louables efforts, car il rend à ses concitoyens un service signalé, par l'économie de temps dont ils profiteraient, s'ils utilisaient la charrue vigneronne.

Nous devons aussi signaler avec satisfaction les éloges que méritent les cultivateurs de Senaide pour la création sur leur ban, de 164 hectares de prairies artificielles, luzernes, trèfles et sainfoins, pour une culture de 650 hectares seulement, avec le chiffre minime de 87 hectares de prés naturels.

Senaide est la commune du canton de Lamarche qui possède la plus grande surface de prairies artificielles. Ces prairies, jointes aux prés naturels, donnent un chiffre de 40 pour cent de l'étendue en culture. Malgré cette production de fourrages, les cultivateurs n'élèvent pas beaucoup de bétail, 100 chevaux et 144 bêtes à cornes, y compris les élèves, c'est peu pour une commune qui compte 632 ouvriers agricoles.

Il existe sur le territoire une ferme dans l'isolement qui se nomme Andoivre, elle est d'une contenance de 65 hectares, avec beaucoup de terres. Sur la rampe ouest de la côte. M. Poirel, de Bourbonne-les-Bains, ancien Président de Chambre, s'était promis de faire de grandes améliorations agricoles dans cette propriété, mais, des difficultés survenues avec le fermier dirigeant, ont empêché l'exécution des bonnes dispositions du propriétaire ; nous savons toutefois que des quantités de prairies artificielles en luzerne et sainfoin, ont été créées dans des conditions parfaites, pouvant servir de modèle à la culture de Senaide.

Nous regrettons de ne pouvoir pas signaler dans cette commune essentiellement agricole, la construction d'aires ou places à fumier, de purinières et de fosses à purin.

Il y a aussi à Senaide un orphelinat de filles, dirigé par des religieuses dépendant de la Maison de

Charmois; il est établi dans l'ancien Séminaire, depuis sa translation à Châtel, la maison jouit de quelques terrains, mais sur 60 élèves il n'y en a pas dix qui s'occupent de jardinage, ce qui est un tort.

Nous continuons à signaler les cultivateurs les plus méritants dans l'ordre de la création des prairies artificielles créées, nonobstant la quantité des prés naturels et comparativement aux terres cultivées. Ainsi Châtillon-sur-Saône, avec 150 hectares de prés naturels et 50 hectares de prairies artificielles, obtient 50 pour cent avec 400 hectares de terre. Grignoncourt, avec 71 hectares de prés, pour 105 de prairies artificielles créées, contre 418 hectares de terrains cultivés, obtient 44 pour cent de prés.

Saint-Julien, qui possède 200 hectares de prés naturels a créé 45 hectares de prairies artificielles, ce qui lui donne 245 hectares de prés pour 606 hectares en culture, soit 40 pour cent.

Robécourt obtient encore cette proportion avec 156 hectares de prés naturels et 23 hectares de prés artificiels, en tout 179 hectares, pour 445 hectares en culture.

Damblain, avec une grande étendue en culture, 788 hectares, a créé 120 hectares de prairies artificielles possédant déjà 154 hectares de prés naturels, ce qui lui donne en tout 274 hectares et une proportion de 34 pour cent. Mais nous devons faire remarquer que Damblain tient le second rang, après Senaide, dans le nombre des communes qui ont créé le plus de prairies artificielles. Serécourt est aussi une commune qui marche dans le progrès, elle tient le quatrième rang dans le nombre des cultures herbacées, elle possède 113 hectares de prés, elle a créé 100 hectares de luzerne et sainfoin, en tout 213 hectares pour 831 hectares en terres cultivées ce qui, en raison de cette étendue, ne donne que 27 pour cent. Mais avec ce petit gazon en herbes, quels grands avantages ne sait-on pas en tirer, par l'entretien et l'élevage de 200 bœufs et bouvillons, 90 chevaux de traits et 250 vaches et genisses, les cultures sont parfaitement traitées par MM. Chardin, Grenier et Bremer. Pour compléter les progrès dans lesquels ils sont entrés, ces cultivateurs devraient faire de la betterave, puisque l'une des branches de leur industrie est l'élevage du bétail. Il est regrettable qu'on n'utilise pas les purins qui sont considérables avec un tel bétail.

Martigny-les-Bains est le plus grand territoire en culture de toutes les communes du canton ; il comporte 1,511 heatares, pour 200 hectares de prés naturels et seulement 52 hectares de prairies artificielles, en tout 252 hectares en prés, soit 16 pour cent de la contenance des cultures ; c'est peu comparativement, et cependant, nous remarquons avec satisfaction que cette commune entretient un nombre d'animaux important, savoir: 300 bœufs et bouvillons, 240 vaches et élèves, 250 chevaux de traits. Il est vrai de dire que le commerce et l'élevage des bêtes à cornes sont des industries secondaires et accessoires se rattachant à la culture des habitants. Voilà le progrès, la perfectibilité de l'agriculture, l'association de l'industrie au rendement du sol. Avec cette quantité de bétail, on ne comprend pas que des cultivateurs émérites comme ceux de Martigny, n'aient pas encore songé à établir des places à fumiers modèles, avec une réserve pour les purins, le ban de Martigny est trop étendu pour qu'il puisse être convenablement fumé, les distances sont trop grandes, du village à l'extrémité du ban. Vers Dombrot et Marey, il serait utile d'établir une exploitation dans cette zône.

Lamarche et Oreilmaison

Ce territoire est le plus vaste en étendue de toutes les communes du canton, puisqu'il est de 3,129 hectares. La superficie en culture devrait être de 1,356 hectares, et certains indicateurs la limitent à 500 hectares en portant les landes, pâtis et pâturages à 671 h. 25 c., ce qui paraît excessif; mais c'est sans doute parce que ces indicateurs joignent aux pâturages, certaines portions des terres arables qui ont été abandonnées par leurs propriétaires, à défaut de fermiers ou d'ouvriers agricoles pour les cultiver. S'il en est ainsi, nous sommes en présence d'un désastre agricole; les récoltes en céréales ne sont plus ce qu'elles étaient autrefois et ces terres improductives sont livrées à la pâture, mais alors pourquoi n'en a-t-on pas fait de bons pâturages ? Il est vrai que, lorsque l'on possède déjà 278 hectares d'excellents prés naturels et 65 hectares de luzernes et autres légumineuses, en tout 343 hectares de fourrages, on apporte peu d'attention au reste. On ne doit pas hésiter, si l'on possède réellement 671 hectares de pâtis et pâturages avec 343 hectares de bonnes herbes, on est dans la position d'élever du gros bétail en quantité et de réaliser de beaux bénéfices, sans grands frais d'exploitation.

Toutefois, nous ne remarquons pas cette abondance dans le bétail entretenu chez les cultivateurs de Lamarche, 155 bœufs et bouvillons, 171 vaches, 167 chevaux, forment ensemble 493 animaux, pour 1,854 hectares en prés et terre cultivés, donnant un peu plus d'un quart de tête par hectare, c'est bien peu.

Quant aux moutons, il n'y en a plus, mais alors les parasites et toutes autres herbes adventices poussent à plaisir puisqu'elles ne sont pas broutées, elles doivent alors apporter un dommage dans la végétation des céréales et réduire la récolte de beaucoup quand elle est déjà si réduite par le manque de bras.

Dans cette situation, on ne comprend pas que les cultivateurs de la localité ne se soient pas réunis pour former entre eux une association dans le but de posséder un ou deux troupeaux, qui auraient trouvé dans le parcours de Rappéchamp à la limite de Tollaincourt, une nourriture suffisante dans les terres, car les moutons sont d'une haute importance dans les territoires d'une grande étendue, comme celui qui nous occupe. En effet, ils produisent la laine, ils donnent la viande, et presque sans autres frais que ceux de brouter. Des pâturages ne profitant à personne, sont perdus, si l'on ne possède pas un troupeau, et remarquez bien que ces gazons par leur maigreur et la nature des herbes qui les composent, ne peuvent servir de nourriture à aucune autre espèce de bétail.

Il est à désirer que les cultivateurs améliorent la plus grande partie des pâturages ou terres vaines qu'ils possèdent, en les faisant labourer et en répandant, après un hersage énergique, quelques semences de légumineuses et de graminées de prairies, de telle sorte que ces terrains puissent produire quelques bonnes herbes.

Lamarche est favorisé pour un bon vignoble ; le vin a de la qualité et donne environ 60 hectolitres à l'hectare. Elle possède une vaste prairie naturelle et artificielle de 343 hectares, il ne lui manque que des moutons pour arriver à une situation prospère. L'élevage et l'éducation du mouton y seraient cependant faciles, les éléments se trouvent sur les lieux mêmes pour ainsi dire. Prendre des agnelles du Bassigny et du plateau de Langres, pour faire un croisement de race avec les mérinos de Montigny-sur-Aube, des bergeries de

M. Bordet, où de Châtillon-sur-Seine de celles de M. Maitre, on obtiendrait bientôt une race de valeur, mais pour cela, il faut améliorer les pàturages.

La commune de Lamarche peut donner l'exemple d'une culture pastorale, sur une grande échelle, en consacrant toutes les prairies aux bêtes bovines et toutes les terres et les pàturages à la race ovine, alors la culture ne sera plus ruineuse.

Foires et marchés

Les foires de bétail ne sont pas nombreuses dans le canton, si elles ne doivent pas être augmentées, il serait avantageux à la ville de Lamarche d'obtenir l'établissement d'un marché hebdomadaire, comme celui qui se tient à Bruyères, les lundi de chaque semaine, pour la vente des veaux, genisses et bouvillons. Ces marchés sont très fréquentés par les bouchers de Paris, Châlons-sur-Marne et Nancy; Lamarche possédant aujourd'hui un chemin de fer doit en profiter et recueillir les mêmes avantages que Bruyères; le marché serait suivi.

Prairies naturelles

Comme on peut s'en assurer par notre tableau, les prairies naturelles sont nombreuses dans le canton; on peut dire : autant de vallons, — autant de prairies, leur superficie totale pour le canton est de

2,670 hectares, avec un accroissement de 215 hectares sur les constatations établies en 1843.

Prairies artificielles

Il aurait été curieux et intéressant tout à la fois de pouvoir comparer les quantités superficielles de prairies artificielles créées il y a 40 ans avec le chiffre total obtenu par les indications ; mais ce renseignement manque dans les différentes statistiques. Nous constatons ici, avec plaisir, que ces prairies artificielles sont pour le canton de Lamarche de 1,025 hectares. Quelques communes en possèdent peu, il est vrai, mais la plus forte partie arrive à obtenir 50, 40 et 44 pour cent de l'étendue des terres cultivées, ce qui est très beau. Le territoire de Lamarche arrive avec 90 pour cent, mais c'est une exception, c'est en raison de la grande étendue de ses prés naturels.

Hôpital

Nous aurions désiré trouver dans le canton, un hospice, une maison de secours pour les malheureux ouvriers des champs, mais il n'y en a pas ; la seule maison, l'hôpital, comme on l'appelle, est au chef-lieu, à Lamarche. Il ne donne pas asile aux gens de la campagne, mais seulement aux malheureux malades de la ville.

Du reste, cet établissement est plutôt une école qu'un hospice où l'on soigne les victimes d'accidents.

Si l'on veut faire soigner un blessé, un malade, exigeant des soins incessants et intelligents, il faut de toute nécessité le faire transporter à Bourbonne-les-Bains, à Neufchâteau ou à Mirecourt ; les distances sont cependant trop grandes pour donner aux blessés des soins avec promptitude et efficacité ; en attendant le mal s'aggrave. Néanmoins en cas d'urgence, nous nous plaisons à croire que les malades ou les blessés pourraient être portés directement à l'hôpital de Lamarche et qu'ils ne seraient pas repoussés par les sœurs hospitalières.

Ces établissements sont, toutefois, reconnus d'une grande utilité à la campagne notamment ; on recherche les moyens de retenir l'ouvrier agricole au foyer domestique, dans l'exploitation du père de famille et on ne lui donne pas le nécessaire pour sauvegarder son existence ; ne serait-ce déjà pas là un des motifs pour lesquels il préfère la ville, les grands centres ? A côté de cela, il faut remarquer qu'il est privé de fêtes publiques, de théâtres, de spectacles ; où alors peut-il aller pour avoir de la gaîté, des divertissements ? au cabaret.

Il faut à la campagne des maisons de Secours pour les malades, des jeux et des divertissements pour les valides, c'est une question qui est à l'étude.

Salle d'asile

Voici un autre genre d'établissement qui est d'une utilité bien reconnue, la Salle d'asile, quels services importants elle est appelée à rendre à l'agriculture !

Dans le canton vosgien que nous décrivons il n'y a pas d'établissements de ce genre, toutefois nous nous plaisons à faire connaitre que les salles d'asile ont été fondées par un Vosgien dans le département des Vosges, Oberlin, pasteur du Ban-de-la-Roche, en l'année 1770.

On nomme ainsi les établissements charitables où l'on reçoit les enfants de 2 à 4 ans jusqu'à 6 et 7 ans ; les salles d'asiles ont pour but de mettre les enfants des classes laborieuses, cultivateurs ou artisans, à l'abri des accidents et de la contagion des mauvais exemples auxquels ils sont exposés, lorsque les parents obligés de vaquer à leur travail journalier, sont dans la nécessité de les laisser seuls, sans aucune surveillance. De là proviennent les accidents horribles que l'on signale tous les jours, des enfants échaudés, des enfants rôtis, des maisons incendiées, la ruine du petit ménage ; mais si la Salle d'asile est établie, la mère de famille après avoir donné ses premiers soins à la maison, place les enfants à l'asile, elle court aux champs avec une sécurité parfaite qui double son courage dans le travail qu'elle a entrepris avec son mari.

Si la commune n'a pas le moyen de créer un asile elle pourra au moins trouver une infirme, qui gardera 10 ou 12 enfants par humanité d'abord, et ensuite pour une petite rétribution. La ville de Lamarche seule fait exception, elle a été dotée d'une salle d'asile par la sage administration de M. Floriot, huilier et maire de cette ville, puis, M. le capitaine Floriot lui ayant succédé a achevé les améliorations.

De l'émigration des campagnes

On est vraiment affligé, quand on compare les chiffres inscrits au tableau qui précède en regard de la population actuelle, avec ceux donnés par les statistiques de 1842 et 1843. A cette époque, la population du canton de Lamarche était de 16,355 personnes, aujourd'hui elle est de 12,942. Celle du chef-lieu était de 2004, aujourd'hui est de 1693 individus.

Dans un canton riche par son sol comme celui de Lamarche, où le bien-être règne dans chaque commune, éloigné des grandes villes et des usines qui utilisent beaucoup de bras, on aurait pu croire que sa population se serait accrue depuis quarante années d'un nombre satisfaisant d'individus ; c'est le contraire, comme nous venons de le voir par les chiffres précédemment énoncés. Lamarche a perdu 311 habitants et le canton 3413 par l'émigration.

Oui, on peut le dire avec raison, c'est une grosse question que celle-là, elle occupe le gouvernement et toutes les Sociétés d'agriculture. L'émigration des campagnes par les grands propriétaires d'abord, puis par les ouvriers agricoles, produit l'un des malaises dont se ressentent nos cultivateurs. On s'en inquiète à un haut degré, car la fuite de nos ouvriers de l'agriculture, leur désertion des champs, met les cultivateurs dans l'impossibilité de faire produire leur sol ; on se préoccupe à déterminer quelles sont les principales causes qui concourent au dépeuplement des villages, de l'émigration de la population rurale vers les villes et les usines.

Ces causes sont nombreuses, nous en citons quelques-unes :

1º Le désir d'acquérir, sans grande peine, un bien-être, une existence supérieure à celle que l'on devrait raisonnablement souhaiter.

2º Le défaut d'une bonne instruction agricole.

3º Le manque d'un petit capital et le moyen facile de se procurer de l'argent quand on n'a pas de biens.

4º Le produit trop minime des petites exploitations de culture, par le manque de bétail et par conséquent d'engrais.

5º Le poids des impôts qui pèsent sur la propriété foncière.

6º L'absence au village de divertissements, de théâtres, la privation de jeux, d'exercices gymnastiques et d'adresse.

7° L'extension toujours plus grande des industries, fabriques, usines et manufactures.

8° Enfin, les gros salaires que paye le commerce à ses employés, en disproportion si forte avec les gages des ouvriers agricoles, gages cependant si élevés aujourd'hui.

Sur le premier point, n'est-il pas vrai que le désir, l'espoir d'acquérir rapidement et sans beaucoup de travail, une fortune que l'on croit trouver dans le commerce, dans l'industrie, dans les chances enivrantes de la spéculation, ont pénétré dans tous les villages et jusque dans les plus humbles hameaux. Voilà quelques-unes des causes qui privent l'agriculture des bras qui lui sont indispensables et malheureusement ce ne sont pas les seules.

Les campagnards, aujourd'hui convaincus que l'argent rapporte plus que la terre, ne veulent plus cultiver, ils refusent d'acquérir à un prix très réduit ces champs qu'ils appréciaient si haut il y a trente ans ; ils délaissent l'agriculture pour goûter de la vie étiolée de l'usine, pour celle de la spéculation et même pour la livrée de la domesticité, car beaucoup se font cochers et même valets de chambre. Alors ils n'arrivent qu'à une existence chagrine et souvent misérable. Pour retenir ces émigrants, ces déserteurs de la culture, il faudrait leur faire comprendre les avantages d'une vie régulière, laborieuse, en leur inspirant la fierté de leur profession.

Sur le second point, c'est la presque généralité des

campagnards qui manque d'une bonne instruction agricole, la routine les guide et les dirige encore, nous savons qu'avec elle, la terre ne rend pas ce qu'elle devrait produire ; la moisson arrivant il y a d'inévitables déceptions.

Il faut que l'agriculture progresse dans notre département comme dans ceux du Nord et de l'ouest, il faut qu'elle soit enseignée avec énergie et protégée par le gouvernement ; nous aurons alors des changements dans la fortune agricole, elle sera doublée et triplée en peu de temps.

On pourra bientôt démontrer aux populations rurales que dans toutes les positions, l'homme qui a de l'ordre et de la conduite peut obtenir le bonheur ; qu'au milieu des champs notamment, il doit jouir d'une vie calme et heureuse, et qu'avec une bonne direction, ses travaux lui assureront non seulement le présent, mais encore l'avenir. Sur le troisième point nous représentons l'agriculture qui subvient à tous les besoins essentiels ; elle, que l'on nomme avec raison la nourricière de l'humanité, est délaissée, abandonnée par les capitalistes qui font sourdes oreilles à ses demandes les plus fondées d'argent, dans les moments de calamités produites, soit par le désastre de la grêle, soit par le manque absolu d'une récolte, ou enfin par une visite meurtrière de l'épizoótie.

Le cultivateur est, dans l'un de ces cas, forcément obligé de s'adresser à un usurier, pour améliorer sa culture qui ne produit pas assez, ou pour acheter le bétail qui lui est nécessaire ; mais alors les profits qu'il aurait pu retirer de son travail et de son intelligente conception servent à payer les lourds intérêts et les agios à ce bailleur de fonds.

On fonde des banques de toutes sortes, mais exclusivement pour procurer au commerce, à l'industrie, à la finance tous les crédits nécessaires, pour que leur fonctionnement donne des bénéfices, des fortunes, mais pour l'agriculture il n'y a rien, et cependant on sait que c'est le capital proportionné aux hectares de l'exploitation qui lui manque.

L'établissement d'une banque agricole, accessible aux grands comme aux petits cultivateurs, serait déjà un moyen de retirer l'agriculture de cette pénible situation ; mais on hésite, parce qu'on ne sait pas où trouver les garanties, et, depuis vingt ans que la question est pendante, on n'a rien trouvé de praticable. Cependant tous les cultivateurs possèdent un matériel plus ou moins riche, il y a surtout les ensemencements donnés au sol, qui offriront une garantie sérieuse, si ces récoltes en terre sont assurées contre les sinistres du temps, à une assurance sur laquelle on pourra compter, afin de recevoir le prix total de cette assurance. Pour la prospérité de notre situation, il faudra, de toute nécessité, arriver à l'assurance obligatoire pour toutes les céréales et les vignes ; l'assurance contre l'incendie est de bonne administration, c'est une mesure sage qui est passée dans nos mœurs, pourquoi n'en serait-il pas de même des assurances contre la grêle, pour sauvegarder nos plus riches productions ?

Efforçons-nous de propager les bonnes méthodes, de pousser à l'éducation du bétail, et surtout, d'introduire l'idustrie agricole dans le plus grand nombre de nos fermes ; les causes qui font abandonner le village ne sont pas uniquement les mauvaises passions, les perspectives de profits plus grands, il faut les voir aussi dans la nécessité de pourvoir aux besoins journaliers. Pour fixer les cultivateurs à la terre, il faut leur donner l'exemple que, par leurs améliorations, ils peuvent obtenir de l'aisance au milieu des campagnes, il faut leur démontrer que le sol qui les a vus naître, sait aussi les nourrir.

Les impôts, les prestations sont aussi des charges lourdes pour l'agriculture ; la petite propriété est beaucoup trop frappée, elle est bien moins favorisée sous le rapport de la répartition des impôts que les grandes exploitations, c'est aussi une des causes des émigrations.

Le travail agricole, constitué comme il l'est, n'offre à ses serviteurs qu'une moyenne de salaire inférieure à celle du travail industriel, voilà pourquoi ils vont vers la ville. En effet la propriété foncière agricole donne en moyenne 2 1|2 à 3 1|2 pour cent net ; tandis qu'en général l'industriel gagne de 10 à 20 0|0 — lorsque le cultivateur donne 1 fr. par jour et la nourriture, l'industriel peut facilement payer 4 et 5 fr.

Maintenant que nous avons terminé nos observations sur le régime de la culture pratique, nous demanderons à nos jeunes lecteurs la permission de leur donner un conseil, pour la profession qui doit faire leur carrière future, en leur disant :

Ne quittez pas les champs, c'est la plus heureuse existence, restez cultivateurs, c'est un état libre et indépendant ; restez possesseurs du sol, c'est le bien le mieux assuré qui ne risque pas les chances, les déboires et les mortifications de la Bourse ; les propriétés foncières ont eu depuis un siècle des phases bien différentes de bonheur et de mécomptes ; nous traversons une époque malheureuse pour l'agriculture, mais des temps meilleurs viendront et récompenseront les efforts de nos cultivateurs.

Fuyez les pompes des villes et les appâts dangereux de salaires ou de profits qui ne sont pas toujours payés ; l'attrait naturel de la campagne, les travaux et les amusements champêtres, l'admirable variété des trésors qui couvrent la terre, l'abondance des moissons, des vendanges, les vergers, les troupeaux, les abeilles, tous ces objets qui, malgré la dépravation de nos mœurs, les préjugés de l'orgueil, ont cependant des droits si puissants sur notre âme. Conservez cette noble indépendance, cette vie laborieuse, mais calme et pleine de charmes, n'abandonnez pas la place que la Providence vous a assignée.

Nous vous répéterons enfin, avec les hommes sérieux, que l'agriculture est la base de toutes les industries qu'aucune ne touche davantage à la vie intime, que le laboureur est et sera toujours comme au temps de Virgile, le soutien de la famille, le défenseur le plus solide de la patrie.

E. Bécus.

HISTOIRE

DE

QUELQUES HOMMES DISTINGUÉS

DU CANTON

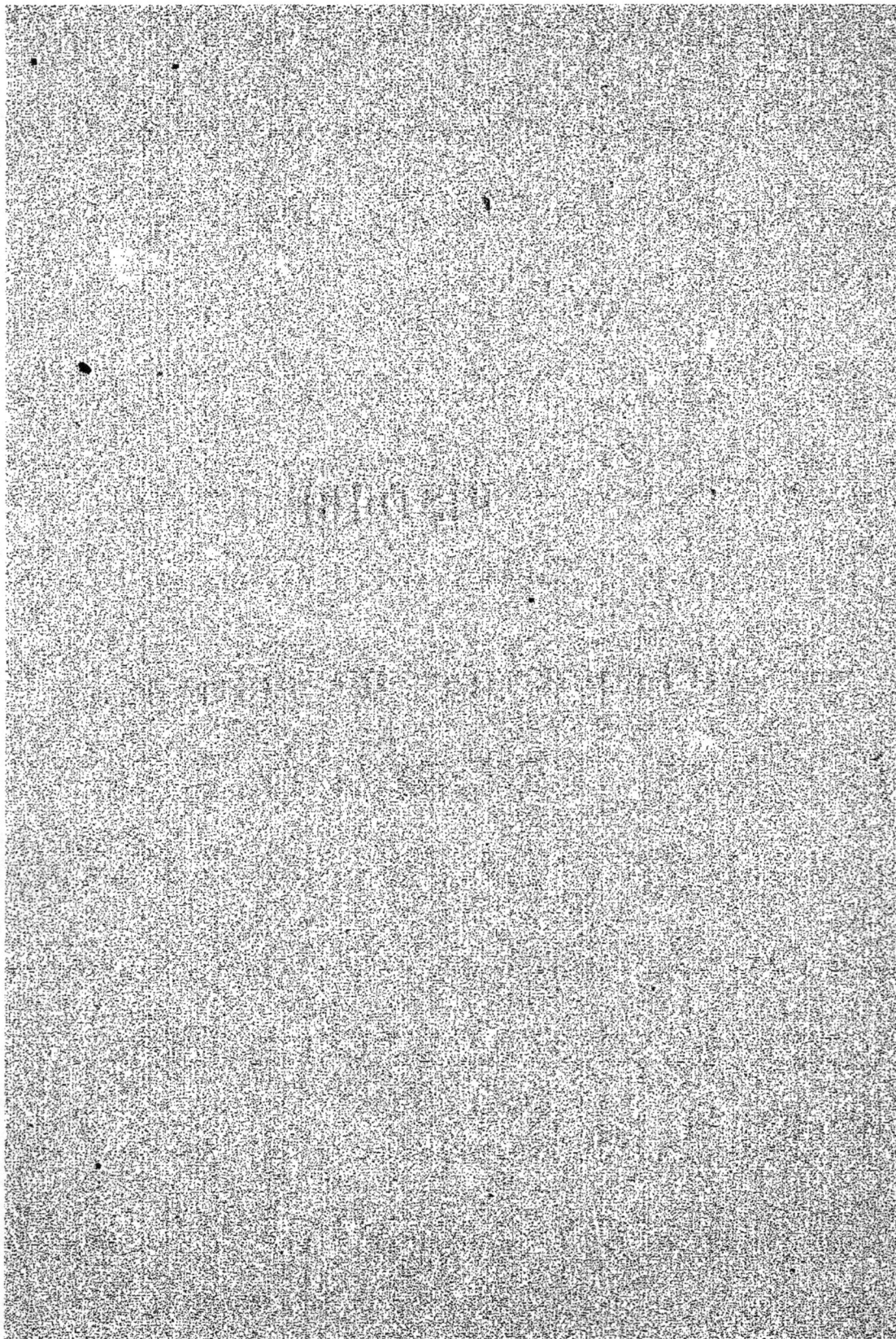

En vue d'obtenir aussi complète que possible, une statistique et une géographie de nos départements. on a stimulé la bonne volonté et le concours des instituteurs et d'autres personnes pour posséder ce travail par arrondissement d'abord, puis par canton ; aujourd'hui, on demande la monographie de chaque commune par plan simple et pratique.

Après la description de la situation agricole. cette statistique devait se compléter par une notice des faits historiques, avec une biographie des hommes distingués de la localité.

Ce petit travail auquel nous nous sommes livré a été le fruit de notre pensée, puisse-t-il remplir le but que l'on veut atteindre.

30 Décembre 1882.

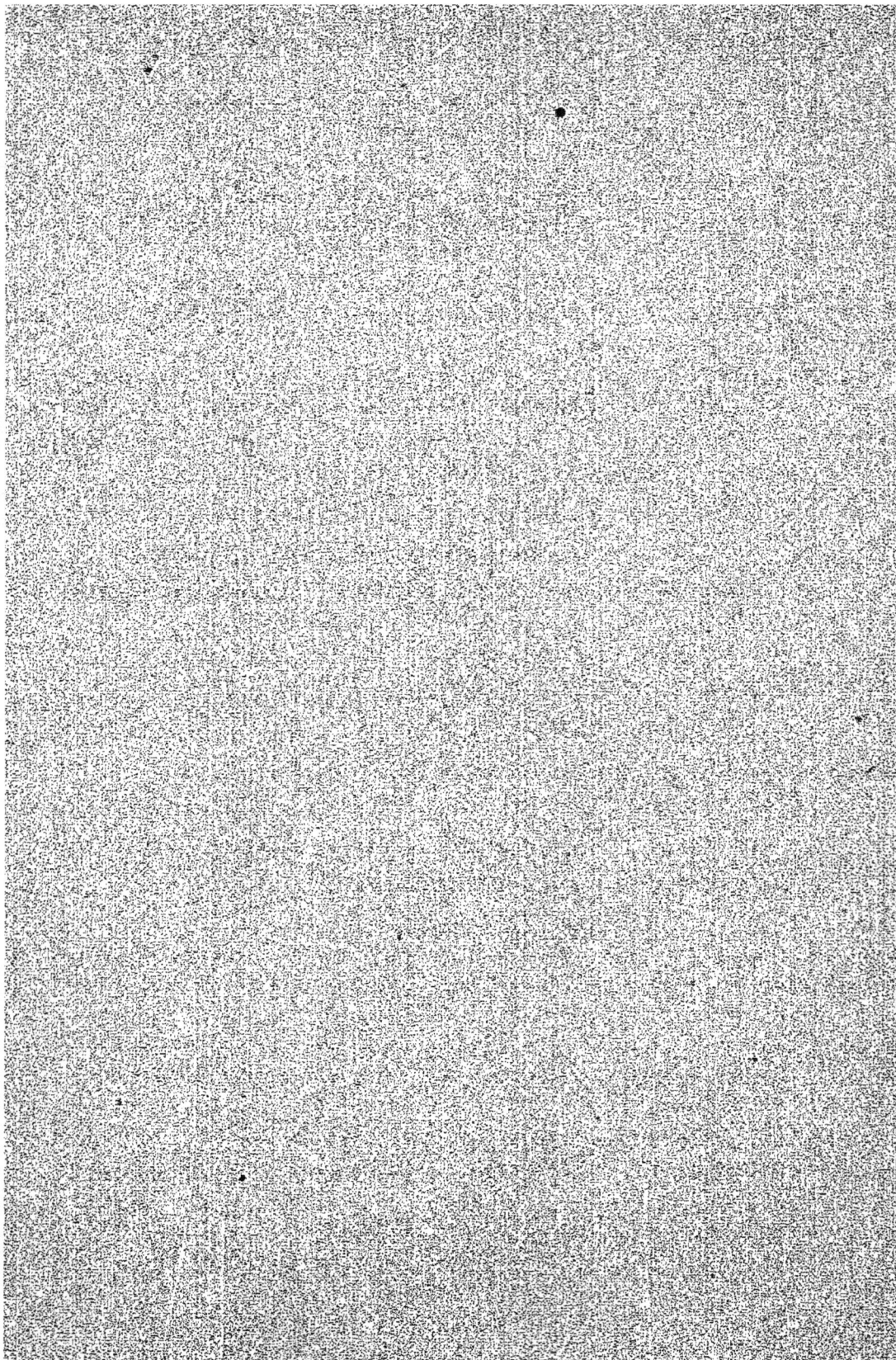

BIOGRAPHIE

DE QUELQUES HOMMES ILLUSTRES

DU CANTON

———— ·:· ————

REMARQUE

Dans la séance du 8 juin 1851. de la Société des
Célébrités de France, M. le Docteur Paul Jacoby, un
médecin distingué, disait: le département qui a
produit le plus d'hommes remarquables est la
Seine, le second est le Rhône, puis viennent ensuite
la Côte-d'Or, les Bouches-du-Rhône, la Meurthe,
l'Aisne et le Gard.

Nous pouvons dire avec raison que M. le Docteur a fait une omission coupable; il a oublié les
Vosges dont il ne parle pas, et certes, ce petit coin
de terre du département des Vosges. qui se nomme
le canton de Lamarche, a produit à lui seul autant

d'hommes illustres et distingués que certains départements de France dans toute leur étendue.

Nous allons en donner la preuve par les belles notices biographiques que nous avons recueillies sur quelques-uns d'eux.

Pour faire une bonne biographie, il faut se borner à donner des détails relatifs à la vie privée de la personne dont on veut parler, et se dispenser d'écrire les événements publics et politiques qui se sont accomplis durant cette vie, car alors, ce serait faire une histoire; c'est précisément ce que nous avons voulu éviter.

On a dit que la biographie était l'histoire, enseignant par des exemples, que ce mode d'enseignement convient tout particulièrement à une société de personnes peu avancées.

C'est pourquoi nous désirons que le récit que nous faisons ci-après, de la vie et des travaux des illustres et très distingués personnages du canton de Lamarche profite à nos jeunes lecteurs.

NOTES SOMMAIRES

LAMARCHE a vu naître le prédicateur Nicolas Clévy, auteur du Bréviaire et du Missel de l'évêché de Toul, prédicateur distingué.

Guillaume de Lamarche, curé au XV⁰ siècle, qui fit bâtir de ses deniers, à Paris, sur la montagne Ste.-Geneviève, en 1429; ensuite le célèbre collège de Lamarche en Barrois, en faveur des pauvres écoliers de Bar et de la ville de la Marche. La nomination du principal du collège fut réservée à l'Évêque de Paris; deux chapelains furent élus par les professeurs du collège. La provision des bourses vacantes appartenait: les 4 de Lamarche, au ministère religieux de la Trinité du même lieu, les 2 de Rosières, au curé du lieu, les 6 de la seconde fondation, aux curés de Woinville et de Bouxières, telle fut la fondation du collège de la Marche, homologuée par Jean, Patriarche de Constantinople, alors administrateur de l'Évêché de Paris.

Perrin (Victor-Claude), Duc de Bellune, né à Lamarche, le 7 décembre 1764 (voir ci-après).

Bresson (François-Léopold), avocat célèbre, né à Lamarche le 8 décembre 1771 (voir sa biographie ci-après).

Lemolt (Bernard), né en 1751, a été désigné pour remplir les importantes fonctions de proviseur du collège de Lamarche; il était prêtre et élève de ce collège. Son avenir fut brisé par la révolution, toutefois, après quelques années, le culte catholique étant rétabli, M. Lemolt fut appelé à la cure de Lamarche, fonctions qu'il a conservées jusqu'en 1814, époque où il mourut dans sa 63⁰ année, victime de son noble dévouement. La France était alors envahie par les étrangers, les églises étaient transformées en hôpitaux et M. Lemolt eut la douleur de voir la sienne encombrée de malades. Du reste, la Trinité et les autres établissements avaient reçu cette destination.

C'est en visitant et en donnant des soins et des consolations à ces malheureux, que le vénérable pasteur fut enlevé par une fièvre putride ; à ses derniers moments, il répondait au capitaine Floriot, qui lui apportait quelques paroles de consolation : « Mon ami, le soldat sert son pays de son sang, » le prêtre de son zèle généreux et absolu. »

Lemolt, le jeune, ancien élève du collège de Lamarche, est entré au Ministère d'État sous le Duc de Bassano : il était chef de division et en cette qualité remplissait souvent les fonctions de secrétaire de l'Empereur Napoléon 1er. Il a vécu dans l'intimité du Maréchal Victor dont il était l'ami.

Drouot, élève distingué du collège de Lamarche, se destinait à l'état ecclésiastique, quand survint 1792, appelant tous les français à la défense de la patrie, Drouot, très ardent, ne fut pas le dernier à se rendre à la frontière, il y fut bientôt remarqué, le général Desaix le prit pour aide-de-camp ; peu après, chargé d'une reconnaissance sur le Rhin, il fut rencontré par un gros parti d'allemands, l'impétueux Drouot le chargea, mais entouré de toutes parts, quoique se défendant vaillamment, il est écrasé par le nombre et meurt les armes à la main. Le jeune Lemolt disait au capitaine Floriot en devisant sur la guerre : Si ce brave n'eût pas succombé si jeune, il aurait certainement marché sur les traces du Maréchal Victor et du général Drouet, son homonyme.

Floriot (Charles-François-Nicolas, né à Lamarche, en 1838, officier aux Vélites de la Garde Impériale (Voir sa notice biographique ci-après).

Floriot (Charles), propriétaire cultivateur, né à Lamarche, en 1786, où il est décédé en 1860, a été sans conteste, le premier agriculteur du pays, il comprenait qu'une industrie quelconque, ajoutée à la culture du sol, serait d'un avantage éminent pour le cultivateur ; c'est avec ce raisonnement, qu'à son exploitation agricole de Lamarche, il s'est empressé d'établir une huilerie de graines oléagineuses qui lui permit de se livrer à l'industrie de l'engraissement du gros bétail ; il a ainsi donné un enseignement salutaire aux cultivateurs de la contrée ; M. Floriot a, en outre, comme maire de la Ville de Lamarche, contribué à de grandes améliorations.

Bécus (Claude-François), né à Lamarche le 14 novembre 1774, décédé en 1816, a été un élève distingué du collège de ce nom. Après avoir travaillé longtemps dans diverses administrations, il a été nommé Contrôleur des contributions à Saint-Dié ; puis secrétaire général de l'administration du Domaine Impérial.

Lemaire, né à Oreilmaison, ancien élève du collège de Lamarche, est entré au Ministère de la guerre au commencement de la révolution. Il était très distingué par son affabilité et le désir de rendre service. Le Maréchal Victor, qui l'avait remarqué, disait de lui : « c'est un homme d'élite, je ne connais personne qui porte plus loin le désir et la pratique du bien. » Il a obligé une foule de militaires du pays ; sa vie a été une suite de bonnes actions.

Enfin le vaillant cepitaine Renault, officier d'artillerie, est aussi né à Lamarche ; il fut l'ami et le contemporain du Maréchal Duc de Bellune.

Châtillon-sur-Saône a eu ses Comtes de Bar. Flabémont (le monastère de) devenu le hameau de Tignécourt, a vu naitre le Chevalier de Senneter qui, blessé mortellement au siège de la Motte, fut enterré dans l'église de Flabémont.

Les Thons sont les berceaux des Seigneurs de Monthureux, des Marquis du Chatelet, et des Comtes d'Hoffli80, possesseurs successifs du Château et des dépendances du domaine des Thons.

Damblain (Jean-Villot), né à Damblain, médecin de René d'Anjou, mourut à Nancy au XVe siècle.

Antoine Guinard, originaire du même lieu, est l'auteur d'un discours sur l'esprit philosophique, qui obtint le prix d'éloquence à l'Académie française, en 1775.

Damblain vit naitre Nicolas-Joseph de Riocourt. Conseiller d'État.

Isches est le berceau du Général de division Drouot, né

en ce lieu en 1733, mort en 1814 après 64 ans de services, il fut investi du commandement en chef de Cobourg.

Fouchécourt a vu naitre, le 7 mai 1775, le capitaine Chardin, l'homme de guerre invulnérable. Il a assisté à 47 combats et 37 grandes batailles sans recevoir de blessures (Voir sa notice biographique).

Lamarche, Bresson (François-Nicolas), Principal du collège de Lamarche, fondateur de l'hospice de cette ville, mourut en 1779.

Bresson (François), avocat au baillage de Lamarche, frère de Bresson-François Léopold, avocat célèbre du barreau de Nancy, dont le nom précède.

Bresson (Charles-Joseph), né à Épinal, est entré dans la diplomatie en 1816 ; il est le fils aîné de M. Léopold Bresson, l'illustre avocat du barreau de Nancy. M. Charles Bresson a voyagé dans l'Amérique du Sud, chargé de missions importantes qu'il devait à ses talents et à la confiance dont il fut honoré par un ministre, le plus distingué de la marine française, (M. Hyde de Neuville).

Revenu en France, il reçut comme récompense de ses services, l'ambassade de Naples. On sait quelle fut sa fin tragique, on en a toujours ignoré les causes.

Nous avons rappelé le nom de M. Charles Bresson dans cette liste, parce que l'on a toujours prétendu qu'il était originaire de Lamarche, tandis qu'il est né à Épinal.

Il y a aussi une famille Bresson à Darney, ce sont les arrières petits cousins des descendants de Messieurs Bresson de Lamarche, la biographie Lorraine indique M. Bresson (Jean-Baptiste-Marie-François), originaire de Darney, il fut nommé lors de la division de la France en départements, administrateur du district de Darney en Vosges, ensuite Député à la Chambre législative, il ne siégea point, mais il se fit remarquer à la Convention Nationale, pour le courage avec lequel il émit son opinion dans le procès de Louis XVI. Il fut nommé en 1806 Juge au tribunal de première instance d'Epinal. Ce Jean-Baptiste Bresson était, parait-il, le cousin germain de l'illustre avocat du barreau de Nancy, le bisaïeul de M. Bresson, des Vosges, siégeant aujourd'hui à la Chambre législative.

Sonnini, le naturaliste, n'est pas originaire de Lironcourt, comme on a pu le croire, mais le long séjour qu'y a fait ce célèbre naturaliste peut lui donner droit de cité, il a publié plusieurs ouvrages scientifiques, puis il se fit journaliste à Nancy, où il est mort en 1790.

Les Seigneurs de Monthureux et après eux les Marquis du Chatelet et les Comtes d'Hofflize, possédèrent successivement les châteaux des Thons, les plus vastes du canton, mais la chronique ne dit pas qu'ils soient nés dans ce Domaine.

Du Boys de Riocourt

Une illustre famille du canton de Lamarche est originaire de Damblain, il est donc indispensable de rappeler les charges et les hautes fonctions dont ont été investis quelques-uns de ses membres.

Du Boys de Riocour (Nicolas), lieutenant-général du baillage du Bassigny, conseiller à la cour souveraine, intendant des armées de Charles IV, envoyé en Espagne pour négocier sa délivrance, épousa en premières noces, en 1634, la veuve de Jean d'Abaucourt, fille de Charles Hiérosme, procureur général de l'évêché de Metz, il n'en eut pas d'enfant.

Il prit, en seconde alliance, en 1646, Anne de Lestre, fille de Gisle de Lestre, seigneur de Riocour et de Provenchère ; de ce second mariage, il eut 6 enfants :

1° Anne-Marie du Boys, femme de Charles-Alexis de l'Isle, seigneur ;

2° Charles Du Boys, jésuite ;

3° Antoine Du Boys, baron de Damblain, seigneur de Riocour et de Provenchère ;

4° Marguerite Du Boys, épouse de Philippe de Laumont, seigneur de Riocour ;

5° Nicolas Du Boys, chanoine de la Mothe ;

6° Marie Odette, religieuse.

La Mothe, ville ruinée en 1645, fut la patrie adoptive de cet habile négociateur. Un esprit liant, des connaissances étendues avec un talent politique consommé le rendirent nécessaire à Charles IV, duc de Lorraine qui le nomma intendant des armées et son lieutenant-général à La Mothe. Il fut le seul probablement de ceux qui approchèrent la personne de ce prince inquiet, à ne point ressentir les effets de son humeur et de ses dispositions chagrines. Sujet fidèle, favori sans bassesse, Du Boys osa parfois lui dire de dures vérités, mais importantes pour l'Etat.

La ville de la Mothe soutint deux sièges, en 1634 et 1645, contre les troupes du roi de France. Du Boys, énergique, imposant sa confiance à ses compatriotes, contribua à une héroïque résistance.

Le duc Charles fut arrêté à Bruxelles, en 1654, par ordre de la cour d'Espagne et transféré dans les prisons de Tolède. Du Boys fut désigné par la noblesse Lorraine, pour aller à Madrid négocier la liberté de son Prince ; sa mission diplomatique fut couronnée d'un plein succès.

Le grand citoyen rendit encore d'autres services à son pays. Il mourut à l'âge de 82 ans à Damblain (Vosges), le 29 juin 1692. Les écrits qui nous restent de lui, sont :

1° Négociations diplomatiques à la cour d'Espagne. Marteau à Cologne, 1688 ;

2° Relation des deux sièges de la Mothe, manuscrite ;

3° Sommaire de l'Etat et succès des affaires de Lorraine depuis Charles de France ;

4° Histoire des Ducs de Lorraine, manuscrite.

Du Boys de Riocour (Antoine), baron de Damblin, fils de Nicolas, né à Chaumont en 1657, mort à Nancy en 1732, fut conseiller d'Etat en 1710 et Grand-Maître des eaux et forêts de Lorraine.

(Nicolas-Joseph), fils d'Antoine, né à Damblin en 1788, mort à Nancy ; passa conseiller d'Etat en 1718, et premier Président de la Chambre des comptes en 1743.

(Antoine-François) comte Du Boys de Riocour, son fils, né à Nancy en 1724, mort en cette ville en 1790. Conseiller d'Etat comme son père, et premier Président de la Chambre des comptes, était un magistrat des plus intègres et des plus vertueux de son siècle.

(Antoine-Nicolas-François) comte de Riocour, officier de la Légion d'honneur, né à Nancy en 1761 ; fils du précédent, fut successivement conseiller au parlement de Nancy en 1781, premier Président de la cour royale de cette ville en 1820. Le département de la Meurthe a appelé quatre fois ce respectable magistrat à le représenter à la Chambre des députés en 1815, 1820, 1821 et 1824. Cette dernière session législative a duré jusqu'en 1827, il présida quatre fois les collèges électoraux de Toul et Nancy. Peu de députés ont montré autant d'attachement à son Prince, que M. le comte de Riocour, et peu d'entr'eux ont aussi efficacement que lui obligé leurs concitoyens.

Il y aurait encore beaucoup à dire de cette noble famille Lorraine, car les articles traités par les Bénédictins de Senonne, le nobiliaire et la relation du siège de la Mothe, offrent des notices peu étentendues et nous devons l'avouer, nous sommes étonné que nul historien n'ait encore écrit une biographie complète des Du Boys de Riocour; il y a là matière à un travail intéressant.

Le *Journal de la Meurthe et des Vosges*, en annonçant dernièrement le décès de M. le comte de Riocour, a donné sur cette noble famille quelques notes complémentaires que nous avons jugé à propos de joindre à cet article; M. le comte de Riocourt, récemment décédé, était fils du premier Président de la Cour de Nancy et descendait au sixième degré du baron de Riocour, intendant des armées de Charles IV, duc de Lorraine. Cet ancêtre, qui a joué un grand rôle dans la politique de son pays, a été aussi le ministre plénipotentiaire de son Souverain en Espagne.

M. le comte de Riocour avait épousé Mademoiselle Sainte-Suzanne, dont le frère est l'un des amis de l'auguste exilé de Frohsdorf, auprès duquel il est en grande faveur et qu'il va visiter tous les ans. Il laisse deux fils qui continuent les nobles traditions de leur père ; l'ainé habite la Belgique où il a fait un grand mariage ; le plus jeune, M. David de Riocour, non moins heureux en ce point, a épousé la fille ainée de M. le comte de Puymaigre.

Damblain fut aussi la patrie de deux hommes distingués :

De Jean Villot, médecin principal de René d'Anjou, qui mourut à Nancy à la fin du XVe siècle ; de Guignard (l'abbé), né le 15 décembre 1726 ; il est l'auteur du Discours sur l'esprit philosophique, couronné par l'Académie française en 1757 ;

L'abbé Guignard mourut au château de Fléville, près de Nancy, où il vécut 40 ans.

Victor, Duc de Bellune

Le Maréchal Victor, Duc de Bellune, est certainement l'homme éminent, la plus remarquable des illustrations du canton de Lamarche, que nous mettons en vue dans cette petite biographie.

Que dire encore du Maréchal ? tout n'a-t-il pas été rappelé dans les divers écrits qui ont été répandus sur cette vie illustre, les éloges les plus somptueux, tout lui a été décerné, nonobstant ces publications de louanges, nous avons cru devoir énumérer en peu de mots, pour l'instruction de la jeunesse de notre canton, les actions éclatantes qui ont valu au jeune Vosgien les insignes des plus hautes dignités militaires auxquelles il a été élevé.

Perrin (Claude-Victor), est né à Lamarche le 7 décembre 1764, sous l'humble toit d'un cultivateur; arrivé à l'âge de 17 ans, il prend du service militaire pour le 4ᵉ régiment d'artillerie, d'où il sort avec son congé le 1ᵉʳ mars 1791; il entre comme volontaire dans le 3ᵉ bataillon de la Drôme, le 12 octobre 1792, et y devient adjudant sous-officier, le 15 février suivant. Le 4 août de cette année, il est promu au grade d'adjudant-major dans le 3ᵉ bataillon des Bouches-du-Rhône, et le 5 septembre à celui de chef de bataillon.

A cette époque, la France affermissant sa révolution que veulent détruire les puissances, les repousse sur tous les points.

Victor part avec ces armées improvisées, qu'elle est fière d'opposer à ses ennemis, il fait ses premières armes sous le Général Anselme, dans le Comté de Nice et au combat de Coaraza; il culbute un corps de 3,000 Piémontais.

Appelé au siège de Toulon, il contribue puissamment à la reddition de cette place, il s'empare du fort Faron et sur le champ de bataille, le 2 octobre 1793, il est nommé adjudant-général; peu de jours après, on lui confie la principale attaque de la redoute anglaise, appelée le petit Gibraltar, il s'en empare ; ce fait lui vaut le grade de général de brigade. De graves blessures le mettent en danger, mais à peine cicatrisées, il passe à l'armée des Pyrénées orientales et se signale aux sièges de Figuières et de Roses.

Il prend le commandement de cette armée en 1796, la conduit en Italie, assiste à tous les combats de cette campagne, il s'y distingue par de glorieux exploits, qui ont du retentissement en France. A l'occasion de l'affaire de Dégo, Carnot, Président du Directoire, écrit à Victor : Vous vous êtes bien conduit, le Directoire vous en témoigne sa satisfaction.

Le 19 thermidor de la même année, le général, à la tête de la 18ᵉ demi-brigade, fait preuve d'une rare intrépidité dans l'attaque du camp retranché des Autrichiens, près Peschiera, dont il prend possession et reçoit de nouvelles félicitations du Directoire.

Le 4 vendémiaire an 5, Lareveillère-Lepaux lui transmet cette lettre : « Les moments du danger, citoyen-général, sont aussi ceux de la gloire ; les blessures que vous venez de recevoir, rendent plus chers à la République les services que vous lui avez rendus. Aussitôt votre rétablissement, reparaissez à la tête des braves troupes auxquelles vous avez donné de si généreux exemples ; le Directoire exécutif verra arriver ce moment avec une nouvelle confiance pour le succès de nos armes. »

En même temps, des témoignages qui ne lui ont

PERRIN (Victor-Claude), duc de Bellune,

né le 7 décembre 1764, à La Marche (Vosges).

GRADES.	CORPS ET DESTINATIONS.	DATES.	ANNÉES.	ARMÉES.	BLESSURES et ACTIONS D'ÉCLAT.	DÉCORATIONS.
Soldat	Au 4ᵉ régiment d'artillerie	16 Octobre 178a.	1782 1783		A reçu à la bataille d'Iéna, le 13 Octobre 1806, un biscaïen qui lui a fait une contusion (18ᵉ bulletin).	*Ordre royal de la Légion d'honneur :*
Volontaire	Congédié	1ᵉʳ Mars 1791.	An II.			
Adjudant	Au 2ᵉ bataillon de la Drôme	12 Octobre 1791.	An III.	Des Pyrénées, d'Italie, d'Angleterre et de réserve.		Chevalier, 24 sept. 1803.
Adjudant-major		15 février 1792.	An IV.			Grand-Officier, 14 juin 1804.
Chef de bataillon	Au 5ᵉ bataillon des Bouches-du-Rhône	4 Août 1792.	An IV.		A obtenu le 6 Juillet 1800, un sabre d'honneur, pour sa conduite distinguée à la bataille de Marengo.	Grand-Croix, 6 mars 1805.
Chef de brigade		15 Septembre 1792	An V.			
Général de brig.	Adjudant général, nommé près l'armée d'Italie.	2 Octobre 1793.	An VI.			*Pour copie conforme :*
	Nommé par les représentants près l'armée d'Italie.	20 Décembre 1793.	An VII.			Le maréchal de camp, secrétaire général de l'ordre de la Légion
	Continué dans ce grade	13 Juin 1795.	An VIII.			d'honneur.
Général de divis.		10 Mars 1797.	An IX.			*Signé :*
	Employé à l'armée d'Angleterre	12 Janvier 1798.	An X.	En Batavie.		Vicomte de SAINT-MARS.
	Commandant la 12ᵉ division militaire	17 Mars 1798.	An XI.			
	Employé à l'armée d'Italie	3 Mai 1798.	Partie de l'an XII			
	Employé à l'armée de réserve	18 Mars 1800.				*Addition aux services*
	Lieutenant du général en chef de l'armée de Batavie	25 Juillet 1800.	1807 et partie de 1808.	Grande Armée, prisonnier de guerre et échangé.		*et décorations.*
	Disponible	23 Avril 1804.				
	Ministre plénipotentiaire au Danemarck	19 Février 1805.				Duc de Bellune, 1808.
	Commandant en chef le 10ᵉ corps de la Grande Armée.	En Janvier 1807.	Fin de 1808	En Espagne.		Chevalier de Saint-Louis, 1814.
Maréchal de l'Empire	Command¹ en chef le 1ᵉʳ corps de la Grande Armée.	En Juin 1807.	1809			Pair de France, 1815.
		13 Juillet 1807.	1810			Grand-Croix de Saint-Louis, 1820.
	Command¹ en chef le 1ᵉʳ corps de l'armée d'Espagne.	En Août 1808.	1811 et part. de 1812.			Chevalier de l'ordre du Saint-Esprit, 1820.
	Appelé à la Grande Armée	3 Avril 1812.	Fin de 1812			
	Commandant en chef le 9ᵉ corps d'armée	En Août 1812.	1812	Grande Armée.		
	Commandant en chef le 2ᵉ corps d'armée	12 Mars 1813.	1813			
	Gouverneur de la 2ᵉ division militaire	6 Décembre 1814.	1814			
	Major-général de la Garde Royale	8 Septembre 1815.				
	Président de la commission chargée d'examiner les services des officiers pendant les cent jours	12 Octobre 1815.	1815	A Gand.		
	Gouverneur de la 16ᵉ division militaire (sans lettres de service du)	10 Janvier 1816.				
	au	15 Novembre 1830.				
	Nommé au commandement supérieur des 6ᵉ, 7ᵉ, 18ᵉ et 19ᵉ divisions militaires, par ordonnance du (mission temporaire) conserve son emploi de major général	27 Mars 1821.				
	Nommé ministre secrétaire d'État au département de la guerre par ordonnance du (conserve son emploi de major général)	14 Décembre 1821.				
	A quitté le portefeuille et a repris ses fonctions de major général	19 Octobre 1823.				
	Commandant en chef le camp de Reims	6 Mai 1825.				
	Membre du conseil supérieur de la guerre du	7 Février 1828.				
	au	1ᵉʳ Août 1830.				

pas été moins chers et qu'il a conservés toute sa
vie comme un gage précieux lui sont exprimés.
L'administration centrale du département des
Vosges, dans une lettre inspirée par la reconnaissance et le patriotisme, lui dit :

« Nous attendions avec impatience, Citoyen-Gé-
» néral, le moment de la conclusion de la paix avec
» le chef de l'Empire Germanique, pour vous féli-
» citer sur vos exploits qui n'ont pas peu contribué
» à faire mettre bas les armes à cet orgueilleux
» ennemi. Jusqu'ici nous vous avons suivi des yeux
» sur la carte de l'Italie à la tête de votre division,
» affrontant tous les périls, moissonnant partout des
» lauriers, faisant évanouir dans la Romagne, les
» soldats du Pape et de l'Autriche, et parcourant
» Rome, pour donner à son peuple l'idée d'un
» Général français républicain. »

« Nos vœux vous portaient aux plus brillants suc-
» cès, et demandaient votre conservation, nos vœux
» vous demandaient toujours prudent dans vos dé-
» marches, terrible dans les combats, humain, géné-
» reux, modeste après la victoire et vous les avez
» remplis. »

« Le Département des Vosges va donc vous
» compter au nombre des défenseurs qu'il s'honore
» d'avoir vu naitre et de s'être distingué parmi les
» chefs de l'inimitable armée d'Italie. Le département
» des Vosges s'appropriera en quelque sorte les té-
» moignages d'estime et de reconnaissance que
» doivent la République et son Gouvernement ; mais

» nous, citoyen-général, nous avons à faire en-
» tendre à votre cœur un éloge qu'il sentira plus
» encore que celui de vos succès.

» Fils tendre et respectueux, qui mettez vos cou-
» ronnes aux pieds d'un respectable père, et lui
» faites l'hommage de tout ce que vos talents vous
» ont mérité de gloire et vos vertus de considéra-
» tion publique » ......

» Ces actes de modestie et de piété filiale accusent
» un véritable ami des mœurs, un républicain par-
» fait qui en soit capable, et l'honneur qui en
» rejaillit sur vous est plus grand encore que celui
» de général victorieux.

» L'héroïsme de la piété filiale est malheureuse-
» ment moins commun que celui des batailles ; le
» génie, le courage, font un grand général, il faut
» avoir toutes les vertus pour mériter d'être appelé
» le meilleur des fils.

» Général, votre patrie va vous revoir, vers vos
» parents se dirigeront d'abord vos pas, ils ont
» besoin de verser sur vous des larmes de tendresse
» et de joie, vous avez besoin aussi de les serrer dans
» vos bras. Mais après les moments donnés à la
» nature, hâtez-vous de présenter à l'administra-
» tion centrale, le vainqueur de Colli, le modèle des
» fils, qu'elle lui paye le tribut des sentiments aux-
» quels il a droit sous ce double mérite. (1) »

(1) Extrait des registres des séances de l'administration
centrale du département des Vosges. Volume de l'an V. de
la République française. — François de Neufchâteau était

Nous poursuivons le récit des faits glorieux du général.

Le lendemain de la bataille de Cerca, le Général Bonaparte fait mettre à l'ordre du jour :

« L'armée n'a dû son salut qu'au sang-froid et à l'intrépidité du Général Victor. »

Au siège de Mantoue, le général Autrichien Provera veut opérer sa jonction avec le général Wurmser, et celui-ci, pour favoriser ce rapprochement, sort de la ville avec la garnison qu'elle renferme. Victor, que ses succès rendent audacieux, marche contre les Autrichiens avec la 57e demi brigade, leur livre un combat meurtrier, et fait mettre bas les armes à 6,000 d'entr'eux ; à la suite de cette brillante victoire, la 57e reçoit le surnom de terrible, et victor est élevé au grade de général de division.

Puis il quitte l'Italie pour prendre le commandement de la 12e division et achever l'œuvre de pacification commencée dans la Vendée par Hoche. Mais bientôt il franchit de nouveau les Alpes et se met à la tête d'une division de l'armée d'Italie. Les troupes qu'il a sous ses ordres battent l'ennemi partout où elles le rencontrent. Il se signale surtout devant Vérone et Alexandrie ; puis, il fait sa jonction, par les Apennins, avec l'armée de Naples. A la sanglante bataille de la Trébia et à celle de Fossano, où

alors Commissaire du Directoire auprès de l'administration des Vosges, il est sans doute l'auteur de cet éloge si dignement mérité.

il est cerné de toutes parts, il se fait jour à la bayonnette.

En 1800, le premier Consul lui donne le commandement d'un corps d'armée, avec le titre de de Lieutenant-Général, et Victor se couvre de gloire dans cette courte et merveilleuse campagne qui venge la France des revers que d'autres généraux ont essuyés en Italie. A Montebello le général Lannes lui dit : mon ami, je te dois ma gloire. A Marengo, il soutient seul, depuis quatre heures du matin jusqu'à une heure après midi, l'effort de l'armée Autrichienne entière, il prépare et assure ainsi le gain de cette bataille célèbre qui livre l'Italie à la France; aussi le premier Consul s'empresse-t-il de lui décerner un sabre d'honneur.

De 1800 à 1806, Victor devient successivement Gouverneur militaire en Hollande, Ministre plénipotentiaire en Danemark. En 1806, il quitte ses fonctions diplomatiques et reparait sur les champs de bataille, c'est lui qui par d'habiles dispositions prises sur le plateau d'Iéna, contribue au succès de cette bataille, où un biscayen lui fait à la cuisse une blessure grave.

Peu de temps après, il prend le commandement du 1er corps, en remplacement du Maréchal Bernadotte.

A la tête de ce corps, il enfonce le centre des Russes à la bataille de Friedland, fixe la victoire, et l'Empereur l'élève sur le champ de bataille à la dignité de Maréchal de France. Napoléon lui confie

ensuite le gouvernement militaire de la Prusse, et
en récompense de ses éminents services le crée Duc
de Bellune, avec une dotation de 200,000 francs de
rentes, que les événements de 1814 lui ont enlevés.

A la fin de 1808, le Maréchal quitte la Prusse et
se rend en Espagne avec son corps d'armée ; il dé-
bute par la victoire d'Espinosa, gagnée sur les armées de Black et de la Romana qui y perdent dix
mille hommes ; à Sommo-Sierra, sous les yeux de
Napoléon, il ouvre la route de Madrid et s'empare
de cette capitale après un combat de 15 heures. A
Valès, il fait prisonnière toute l'armée du Duc de
l'Infantado. A Medellin, il défait complètement
Cuesta qui laisse seize mille morts sur le champ de
bataille. Devant Cadix, à la tête de 9,000 hommes,
qu'il oppose à l'armée Anglo-Espagnole forte de
25,000 hommes, il force l'ennemi d'abandonner le
champ de San Pedro. Cette lutte sanglante d'une
journée entière et les avantages remportés, méritèrent au Maréchal les éloges de l'Empereur.

En 1812, Napoléon le rappelle d'Espagne et lui
remet le commandement du 9e corps de l'armée de
Russie, c'est surtout dans les désastres qui suc-
cèdent aux victoires par lesquelles cette campagne
a d'abord été signalée, que le Duc de Bellune rend
de nouveaux services. A la Berézina il tient tête
pendant une journée, avec le débris du 9e corps à
une armée Russe trois fois plus nombreuse, il faci-
lite le passage de cette effroyable cohue, dans laquelle il était impossible de reconnaitre cette grande

armée Française, si belle, si valeureuse, il en protège la retraite jusqu'à Vilna.

En 1813, Le Maréchal organise et commande le 2ᵉ corps d'armée à la bataille de Dresde, il met en une telle déroute l'aile gauche de l'ennemi, que la cavalerie de Murat fait prisonniers plus de 20,000 hommes. A Leipsig, il se maintient victorieusement pendant 2 jours, dans la position de Probesteyde, et sauva par sa présence d'esprit ses troupes et son artillerie de l'horrible catastrophe qui a suivi cette bataille.

A Hanau, il bat le général Bavarois de Vrède qui veut couper la retraite de l'armée.

En 1814, à la tête de la garde Impériale, il enlève à Craonne, les positions formidables de l'ennemi, dans cette affaire, il est grièvement blessé d'un coup de feu.

En 1821, devenu Ministre de la guerre, il s'occupe particulièrement du sort des soldats.

Après sa disgrâce, il reçut de M. le vicomte de Chateaubriand une lettre dans laquelle il lui exprimait les regrets que lui causait sa retraite, le Maréchal lui fit cette réponse:

Monsieur le vicomte,

« Je viens vous dire ma pensée sur l'évènement inattendu qui » me concerne. N'y voyez, je vous prie, ni amertume, ni mé- » contentement, ils ne sont pas dans mon cœur, il n'est pas plus » étonné d'un revers qu'il ne pouvait l'être d'un succès. Je vois » les hommes et les choses avec calme: je les juge sans passion, » et le coup qu'ils viennent de me porter ne m'ébranle pas mal- » gré leur violence. Je ne désire maintenant qu'une chose: c'est » que le Conseil du Roi, en me conservant sa bienveillance,

» n'attache pas à n. position plus d'importance qu'elle n'en mé-
» rite, le monde, selon l'usage, s'occupe de moi aujourd'hui, il
» n'y pensera plus demain. »

Cette réponse indique une grande modestie de la part
d'un homme si élevé, aussi illustre.

Les actions de cette vie glorieuse que nous venons d'énumérer, font reconnaître en lui un héros.
Sa mémoire, a dit l'illustre Chateaubriand, sera
toujours chère à la France, et cette vie héroïque,
une leçon pour la jeunesse Vosgienne qui répétera
avec orgueil. « Voilà un de mes ancêtres qui a bien
mérité de la patrie. »

BRESSON

> Démocrate classique, républicain
> de Collège, Romain par ses études,
> Athénien par les tendances de son
> esprit, libéral dans le sens vrai,
> fidèle aux grands principes d'ordre
> et de liberté.
>
> PAILLART, *Premier prési-
> dent à la Cour.*

On a du plaisir à se rappeler la vie d'une illus-
tration Lorraine, d'un homme qui, après avoir
essayé des emplois divers au-dessous de sa position
et de sa grande intelligence, est venu, poussé par
une secrète et puissante inspiration, combattre au
barreau par son éloquence et y remporter de paisi-
bles victoires qui réveillaient les plus honorables
traditions ; puis, après ces heureux combats, il s'est

élevé par degrés aux grandes fonctions judiciaires, digne prix de ses longs travaux et couronnement de ses vieux jours.

Bresson (François-Léopold), naquit à Lamarche (Vosges) le 8 décembre 1771.

Son père était avocat au baillage ; sa famille occupait un rang distingué dans la contrée. La vieille fondation de l'abbé Guillaume, en faveur de quatre enfants de sa ville natale, désignés parmi les premiers élèves, lui ouvrit, au foyer même des sciences et des lettres, le chemin des fortes études, dont il devait, dans le cours de son existence, garder l'empreinte et cultiver les souvenirs. Les conseils de son père dirigèrent ses premiers pas ; il reçut ainsi l'une de ces éducations sévères qui préparent les âmes fortes aux tendres affections. Forcé de suivre à Paris le cours de ses études, il regrettait le séjour qui le séparait de sa famille, l'espoir des vacances pouvait seulement en adoucir l'amertume, mais ce n'en était pas moins une espèce d'exil.

Alors, la naïve correspondance de l'enfant s'anime sous les inspirations de l'adolescence.

En 1790, la vie du jeune Bresson fut marquée par un évènement extraordinaire.

En Février, le collège tout entier, docile à l'entrainement général, veut prêter le serment civique ; simple écolier, plus riche des fleurs de la réthorique que des fruits de philosophie, Bresson est désigné au choix pour adresser à l'assemblée du district de

Saint-Etienne-du-Mont un discours plusieurs fois
interrompu par les applaudissements ; il écrit à sa
sœur en lui racontant, comment, ému et tro'blé
d'abord, il est redevenu ferme et sûr de sa mémoi

« Ce n'était ni moi, ni mon style, ni ma décla-
« mation que l'on applaudissait ; c'était ma jeu-
« nesse, mon amour naissant pour notre chère
« patrie. »

Cette première manifestation ne pouvait suffire à
tant de zèle, les écoliers veulent envoyer à l'Assemblée nationale un don patriotique. Malgré bien des
intrigues, Bresson est successivement élu Président, grand Trésorier et Orateur de la députation.
A propos d'une question de vote collectif ou séparé,
les boursiers furent sur le point d'assommer les
pensionnaires. Le différend est porté au tribunal,
composé des députés de tous les collèges. Bresson
plaide avec chaleur la cause de ses commettants.

Il arrive enfin à l'Assemblée, que présidait alors
l'évêque d'Autun, il récite un discours que lui-même
trouve assez plat.

Dans l'été de 1791, Bresson revint à Lamarche
tout fier d'une année de sagesse et de travail et
digne de l'amitié paternelle. Il avait toutefois été
réprimandé pour   folie de jeunesse, pas commune il est vrai, celle d'avoir acheté trop de livres.

Les joies de famille, si douces et si bien goûtées,
ne devaient pas durer, plus d'un rêve allait dispa-
raître, et il devançait les jours par un engagement
volontaire. La bravoure Lorraine n'attend pour

combattre, ni les progrès du temps, ni les ordres du gouvernement.

Dès Janvier 1792, il est à Avesnes, sergent-major, porte-drapeau, trois mois après il gagne ses épaulettes de sous-lieutenant. Il écrit de Wissembourg, se plaignant de ne pouvoir suivre son goût pour l'étude, au milieu des devoirs du service.

C'est précisément vers cette époque que les électeurs de Lamarche frappaient son père d'une espèce d'ostracisme, non pas en le bannissant, mais en le faisant descendre de son siège de Juge, voilà la reconnaissance populaire appliquée au grand œuvre de la justice. Un peu plus tard, un membre de sa famille, député des Vosges à la Convention nationale, était proscrit, titre d'honneur attribué au noble courage de son vote dans le procès de Louis XVI.

Dans ces jours néfastes de la Révolution française, les survivants avançaient vite, aussi Bresson devint-il adjudant-major, par le choix de ses camarades ; militaire dévoué à son rude métier, exalté par les espérances et l'amour de la patrie, il était attristé par le poids de cruelles déceptions, il écrivait de Limbach le 11 Juin 1795 : « C'est donc en « vain que nous versons notre sang pour vous « donner la paix; Oh ma Patrie ! combien de mons- « tres ont conjuré ta ruine !.... au milieu des con- « vulsions qui nous agitent, le poste le plus sûr et « le plus honorable est celui où nous sommes. »

Par suite des mouvements militaires, le jeune officier visite successivement Cassel, Wiesbade,

Spire, Mayence, Francfort et vingt autres campements militaires, d'où il écrit à sa famille en lui faisant le récit des batailles, des mouvements des troupes et de leurs exploits.

Une courte visite à Lamarche vint interrompre ses services et donner un repos à son activité; pendant son séjour on lui offre un emploi d'aide-de-camp qu'il refuse, préférant rester dans les Ardennes parce que son corps y est en présence de l'ennemi.

Un jour, les hasards de la vie militaire rapprochèrent sous la tente deux jeunes officiers du même grade; la sympathie de leurs opinions les unirent bientôt "une étroite amitié, les événements et le temps la brisèrent pour n'en laisser que le souvenir. L'un d'eux revint dans son pays, déposa l'uniforme pour prendre la toge; l'autre plus ardent et plus ambitieux resta sous les drapeaux.

La République et l'Empire ont retenti du bruit de sa renommée quarante ans plus tard, après les derniers reflets de notre gloire militaire, et la paix accordée par deux Monarchies à Nancy, au milieu des splendeurs d'un cortège et de l'éclat d'une fête, au milieu du retentissement de ces compliments et de ces harangues adressés pour la circonstance, un Maréchal de France reconnaissait dans l'un des orateurs, son ancien frère d'armes, ranimant les souvenirs de sa jeunesse, il serrait étroitement dans ses bras, au nom de la sainte amitié, l'homme qui n'avait rien demandé qu'à lui-même. L'un était M. Bresson, l'autre le maréchal Soult.

Dans ce retour aux temps passés, il y a de l'honneur pour deux, une leçon pour quelques-uns et une vive émotion pour tous.

Le talent de rédaction de M. Bresson n'était pas inconnu dans l'armée. Un jour, où, par sa plume et avec tous les officiers du bataillon des Vosges dont il faisait partie, il avait réclamé plus de fermeté dans le commandement, il dut, à Strasbourg, prêter à quelques camarades poursuivis devant les conseils de guerre, l'appui de sa parole. On admira (on eût applaudi si la discipline ne s'y était opposée) l'éloquence vraie, née des inspirations du cœur ; les militaires sont bons juges et félicitèrent M. Bresson, qui comprit seulement sa propre valeur et cette intime vocation qui devait l'élever si haut ; il en eut le noble pressentiment.

Après un court séjour dans sa ville natale, M. Bresson vint se fixer au chef-lieu ; il eut donc à plaider à Epinal, non-seulement les affaires des Vosges mais les appels de la Meurthe et du Haut-Rhin ; la persévérance, la solidité d'esprit qu'il apportait dans toutes les affaires qui lui étaient soumises furent bientôt récompensés par un grand succès.

Quand fut institué à Nancy le Tribunal d'appel, en l'an VIII, M. Bresson vint prendre le premier rang au barreau ; plus tard, après la reconstitution de l'Ordre des avocats, il y trouvait un émule et un ami.... M. Fabvier.

En 1810, alors que la Justice était réorganisée ; à

la formation des Cours impériales, le gouvernement qui savait choisir les hommes, eut le désir d'appeler M. Bresson aux fonctions d'Avocat-général, qu'il refusa. « Mon état, écrivait-il, borne mon « ambition, je tâche de le remplir avec honneur : « je plaide les plus belles causes et surtout les « meilleures. »

Il resta donc fidèle au devoir et à l'indépendance de sa profession. En le dotant de riches facultés, le ciel lui avait accordé le talent et l'art de s'en servir; il était l'avocat des grandes causes, sans négliger les petites, apportant à chacune le même soin, la même conscience. Sa réputation avait franchi promptement l'enceinte du Palais ; l'Académie de Stanislas l'avait inscrit au nombre de ses membres. Tout se réunissait pour occuper sans relâche l'activité féconde de son esprit. Cette vie de travaux de cabinet, ces luttes d'audiences, ces tournois oratoires ont duré plus de 30 ans.

Il serait trop long de citer ici les nombreuses et brillantes causes où M. Bresson plaidait avec une riche improvisation, ornée de toutes les grâces du langage et souvent parée des trésors classiques que gardait une mémoire fidèle.

En 1815, à la suite du 20 mars.... pendant les cent jours, M. Bresson fut élu par le Collège de Nancy, député à la Chambre. Il accepta ce mandat, uniquement par patriotisme; aucun fait n'a marqué son passage rapide sur le terrain des affaires publiques. Il s'est réfugié dans le silence, mais il eut l'occasion de défendre avec vigueur plusieurs partisans accusés pour des faits de guerre, s'échauffant au feu de ses propres souvenirs, l'ancien officier s'est montré un peu trop à découvert sous la robe du défenseur, et cette voix imposante n'avait pas tout à fait perdu, dans les souplesses de l'art oratoire, les habitudes du commandement.

La France se relevait, les affaires reprenaient leur cours. M. Bresson retrouvait, avec sa clientèle, les travaux qui étaient pour lui la gloire et le bonheur. La Magistrature lui gardait ses sympathies. Alors il brilla plus que jamais, entouré d'amis dévoués et d'une réputation d'homme de talent. Quatorze années s'écoulèrent ainsi au milieu d'une vie heureuse et embellie par les brillants succès de son fils Charles.

Bâtonnier de l'ordre depuis 1821, il fut nommé Conseiller à la Cour le 1er mars 1829. Dans les épanchements de l'intimité, il se plut à manifester un légitime orgueil et une juste reconnaissance, et sur ce siège, conquis par un talent remarquable au prix de veilles et d'efforts, il s'empressa de payer sa dette, autant que le permettait sa santé, déjà affaiblie par des crises nerveuses qui avaient pour cause les émotions des procès criminels.

En avril 1830, le magistrat redescendit pour un jour dans l'arène, et tenta une dernière fois les luttes du barreau. Il avait à défendre la propriété et l'honneur d'un beau-frère, d'un ami poète élégant en même temps qu'avocat, donnant ses loisirs au culte des muses, homme de bien, chéri et estimé dans le pays. On le devine facilement, cet homme était le Barde des Vosges. M. Pellet, modeste et se défiant de lui-même. Pour trouver un éditeur, il avait remis son manuscrit entre des mains infidèles, le manuscrit disparut, mais l'auteur disait : « Peu importe, je sais toutes mes œuvres par cœur. »

Au mois d'octobre, Pellet fait paraître son recueil, la pièce dérobée s'y trouvait naturellement et même enrichie, et, quand l'auteur se décida à réclamer ses droits, le forban littéraire ne craignit pas de répondre aux poursuites par une plainte en contrefaçon.

M. Bresson se présente devant la Cour royale de Paris, en habit de ville, collègue nouveau, *éloigné*, inconnu des magistrats qui vont juger sa cause ; il est là, calme et redoutable. La bonté de sa cause, puis le souffle de l'opinion publique ont doublé ses forces, les avocats suspendus à sa parole diront bientôt que cet ancien confrère, tout nouveau pour eux, serait bien digne de marcher à leur tête, et cette brillante plaidoirie se soutient ainsi pendant plus de deux heures, sans que la parole manque une seule fois aux besoins, variés d'improvisations, sans que la mémoire hésite sur une citation ou sur un fait. Puis quand, avec toutes les richesses de l'éloquence, il a vingt fois gagné sa cause ; quand cette vigoureuse indignation de l'honnête citoyen a enlevé les doutes les plus rebelles ; que l'adversaire, l'ennemi est là, vaincu, écrasé, l'orateur ramène avec lui vers le foyer domestique la pensée attendrie et reposée de son auditoire, et il dit à ses juges :

«Hâtez-vous, Messieurs, de mettre un terme à ce » funeste procès; je ne devrais pas être ici, l'inquiétude » et le chagrin m'y poursuivent. J'ai laissé derrière » moi deux femmes en proie à la douleur, au déses- » poir; l'une d'elle peut être déjà mortellement at- » teinte du coup qui a frappé son fils. Elles ré- » clament ma présence; elles peuvent encore rece- » voir de moi quelques consolations ; mais, la plus » douce que je puisse leur apporter et leur offrir, » c'est celle que leur prépare votre justice : c'est » l'arrêt qui protégera la mémoire, qui apaisera » les mânes irritées de celui qu'elles ont perdu. »

Le résultat ne pouvait être incertain, le succès fut immense. C'était plus qu'un succès, un triomphe. A dater de cette heure solennelle, le ministère public avait trouvé un de ses plus puissants et de ses plus purs organes.

L'occasion ne fut pas longue à venir, une ordonnance du 5 août 1830 l'appela aux fonctions de Procureur Général à Nancy, il n'accepta pas. Resté conseiller, il devint Président de Chambre le 23 juin 1831, il était en même temps, membre de la commission administrative des hospices de la Ville.

Le Gouvernement ne perdit pas de vue l'idée d'attacher, par des fonctions actives à la défense de l'ordre social, le mérite et le dévouement de M. Bresson. Il fallait lutter contre la délicatesse de son ca-

ractère et contre la prudence habituelle de sa dé-
termination.

Au mois de septembre 1832, le parquet de la Cour
le Lyon fut offert et refusé, alors M. Bresson fut
nommé Procureur Général à Metz.

La position était difficile, de nombreux procès de
presse exerçaient alors les orateurs du ministère
puplic et ceux du barreau. M. Bresson, de l'aveu de
tous, déploya dans l'accomplissement de ses devoirs
autant de convenance que de vigueur. Dès 1834, ses
services reçurent leur dernière consécration et leur
plus haute récompense : il fut nommé Conseiller à
la Cour de cassation. Le jour même de son entrée,
prenait part à une délibération importante et mar-
quait du premier pas la place qu'il a occupée pendant 14 ans.

Là, M. Bresson, affranchi des luttes qu'il avait
soutenues non sans froissements et sans fatigues,
rendu à une vie calme et indépendante, déploya
tous les trésors de son talent et de son expérience.

Il marchait ainsi dans sa verte vieillesse, entouré
de l'estime publique et du respect de tous. Quelques
rares loisirs étaient employés à faire auprès de son
fils aîné des voyages agréables, pleins d'intérêt et
dans lesquels ils cultivaient tous deux de hautes relations.

C'est ainsi que M. Bresson a retrouvé l'ancien
Président de l'Assemblée Nationale qui avait entendu ses premiers essais oratoires. L'ancien Évêque
d'Autun était devenu ambassadeur, puissant, riche

et très habile. Lorsqu'il était à Londres, il avait eu sous ses ordres M. Charles Bresson, ce fils ainé dont nous parlons. Aux questions discrètes du père, le prince répondit un jour en souriant : « Je » crois aux races, M. Bresson, soyez rassuré sur » l'avenir de votre fils. » Cet avenir, en effet, a été brillant, mais il a été court, selon la volonté de la Providence, et, de tant d'espérances, il sortit une douleur atroce et sans remède.

M. Bresson père, perdit successivement, à un court intervalle, sa femme et son fils Charles, sa carrière avait été laborieuse et quelquefois pénible : au déclin de l'âge, il a pu compter de longues années embellies et charmées, malgré les souffrances passagères, par les soins de la tendresse conjugale et par les satisfactions de l'orgueil paternel ; le ciel lui laissa d'autres fils, voués honorablement aux fonctions publiques et M. Paul, l'un d'eux, fait revivre avec éclat dans la magistrature la mémoire de son père, par les hautes fonctions qu'il y exerce.

M. Bresson quitta ses fonctions et reçut les honneurs de la retraite en 1848 ; les souffrances physiques se mêlaient aux tristesses morales. Une piété fervente soutenait son courage ; son enfance l'avait apprise au foyer paternel, il en avait conservé les traditions malgré l'activité des affaires et l'agitation des esprits. Le 21 Novembre 1848 sur le point d'atteindre sa 78e année, il cessa de souffrir.

M. Bresson fut un homme complet ; chez lui, le cœur échauffe ce que l'esprit éclaire. Le pouvoir paternel avait fortement agi sur son enfance. La carrière militaire qui pouvait le conduire aux grades les plus élevés, l'avait fortifié dans les habitudes d'ordre et de discipline. Jeune il eut la témérité des grandes choses, plus tard le courage des choses utiles. Son caractère appartenait à ces natures robustes que l'expérience éclaire et grandit. Danger ou travail, bravoure ou patience, il a pris tous les devoirs au sérieux. Formé aux affaires, loin de Paris, dès qu'il y paraît, ignoré du public et connu seulement de quelques maîtres il se place au premier rang. Paris qui n'a rien à lui apprendre fait taire, à sa voix, la critique et les jugements exclusifs. On proclame avec un sentiment d'admiration le rare mérite de cet avocat Lorrain.

Quatorze ans plus tard, il siège avec honneur dans la plus haute Magistrature. Paris a envié à la Cour de Nancy d'abord, la possession d'un tel homme, puis il l'a enlevé. Aussi que d'éloges les Lorrains ne conservent-ils pas pour la mémoire de cet esprit éminent, de cet avocat célèbre, l'honneur de la ville qui l'a vu naître.

Pour donner une idée de la sagesse et de la modestie de l'éminent magistrat, nous avons cru opportun de rappeler une réponse qu'il fit au maire de la Ville de Lamarche, qui le priait de vouloir bien faire cadeau de son portrait à sa ville natale pour le placer dans la salle du Conseil à côté de celui du Maréchal Victor, son compatriote.

Paris, 31 Mars 1847.

Monsieur le Maire,

Je ne puis assez vous dire combien je suis touché des sentiments de regret, de condoléance que vous avez bien voulu m'exprimer sur la douleur de ma femme. Ma douleur est bien grande, Monsieur le Maire, elle est bien profonde, et comme vous le dites si bien, c'est du souverain dispensateur des grâces et de l'affection de mes enfants, que je dois attendre ma consolation.

Vous me demandez mon portrait, pour le placer dans la salle du Conseil municipal de la ville, où se trouve déjà celui du Maréchal, duc de Bellune, vous voulez y joindre celui de mon fils, le comte Bresson. Vous me décernez là un grand honneur, Monsieur le Maire.

Rien ne peut me flatter davantage que d'obtenir l'estime et l'attachement de la ville où je suis né, et d'en recevoir un témoignage public. Mais cet honneur, puis-je l'accepter de mon vivant ? Ne serait-ce pas une grande présomption de ma part ?

Permettez que je m'arrête devant un sentiment de réserve que vous concevrez sans peine.

Je ne vous ajourne pas à un temps bien long ; et si, à ma mort, lorsque ma vie tout entière sera sous les yeux de mes compatriotes, dont vous avez dit que vous étiez l'interprète, ils persistent à me juger digne de l'honneur qui m'est proposé aujourd'hui, j'ai fait part de votre désir à mes enfants, ils s'empresseraient d'y déférer. Mon fils a mon portrait, fait il y a douze ans ; on le dit d'une parfaite ressemblance.

Je me rendrai à Lamarche au mois de Mai, je veux revoir encore une fois mes sœurs, avant de quitter la vie, et faire mes adieux à mon cher pays natal, ce sera pour moi, Monsieur le Maire, une précieuse occasion de vous exprimer ma reconnaissance.

J'ai communiqué votre lettre à mon fils aîné, le comte Bresson, il est animé du même sentiment.

Mais vous annoncez l'intention de lui écrire, si vous lui faites cet honneur, il s'empressera de vous répondre.

Veuillez agréer, Monsieur le Maire, etc.

Signé : BRESSON.

Réponse de M. le comte Bresson :

Paris, le 5 Mai 1847.

Monsieur le Maire,

J'ai différé la réponse que je devais à la lettre que vous m'avez fait l'honneur de m'écrire, dans l'espoir qu'elle vous serait portée par mon père. Malheureusement l'état de sa santé l'oblige à renoncer à son voyage à Lamarche. Je viens donc vous expri-

mer ma reconnaissance, vous dire combien je suis touché du
témoignage d'estime que vous me donnez, et vous prier cependant de me permettre de ne pas précéder mon père à la place
si honorable que le conseil municipal daigne nous assigner dans
la salle de ses délibérations.

De pareilles distinctions doivent être consacrées par la mort :
nul n'est assuré de mériter et de conserver jusqu'au terme de sa
carrière l'approbation de ses concitoyens. J'attache tant de prix
à celle des habitants de Lamarche, berceau de notre famille, que
j'ai la confiance de ne jamais faiblir dans mes efforts pour la
conquérir, mais les événements peuvent tromper mes espérances.
Attendons quelque temps encore, seulement le portrait sera
préparé, et quand Dieu et l'avenir auront prononcé, il sera mis à
votre disposition.

Agréez, Monsieur le Maire, et veuillez offrir au Conseil municipal l'assurance de mes sentiments distingués.

Comte CHARLES BRESSON (1).

Le commandant Follin

Si l'on voulait résumer en peu de mots tous les
actes de la vie militaire, si ferme et si courageuse
du commandant Follin, il suffirait de dire, qu'il a
été pendant vingt-deux ans, sous les drapeaux de
l'Empire, un homme de guerre d'une grande valeur ; indépendamment des actes nombreux et variés
qui se rapportent aux diverses fonctions qu'il a
remplies dans la vie privée et lui méritèrent jusqu'à sa mort l'estime et le respect de ses concitoyens.

Et en effet on se rappelle encore aujourd'hui
dans le canton, du commandant, du prestige de

(1) Archives de la ville de Lamarche.

son nom, des avis et des conseils qu'on s'empressait de lui demander comme à un Juge.

M. Follin (Joseph) naquit à Martigny, le 25 novembre 1771.

Après l'élan soulevé par le manifeste du Duc de Brunswick, le 23 juillet 1792, bon nombre de nos jeunes et vaillants Lorrains couraient à la frontière.

Le jeune Follin engagé volontaire le 2 août de cette année, était incorporé comme grenadier au 13ᵉ bataillon des Vosges.

L'invasion commençait par Thionville et Longwy, le 19 août. Verdun se rendait le 2 septembre suivant.

Mais le 20 septembre, Kellermann arrêtait les Prussiens à Valmy et les forçait à la retraite.

Le 21 octobre, les Français entraient à Mayence, le 23 à Francfort; à cette date les Prussiens avaient évacué la France; l'armée du Rhin était alors en organisation et les bataillons des Vosges furent dirigés vers cette limite de nos frontières, c'est ainsi que Follin fit partie de ce corps d'armée des années 1792 et 1793.

Le 15 décembre 1792, il assistait aux combats de Wadern et de Hamm sur la Sarre, après lesquels l'armée prit ses quartiers d'hiver; pendant ce même temps, d'autres volontaires de notre pays de Lorraine à l'armée du Nord, assistaient au siège de Lille le 29 septembre, à la bataille de Gemmapes le 6 novembre, à celle de Verwinde, le 18 mars 1793, au siège de Valenciennes, etc.

FOLLIN (Joseph), né le 25 no

vembre 1771 à Martigny (Vosges).

GRADES.	CORPS ET DESTINATION.	DATES.	CAMPAGNES ARMÉES.	BLESSURES et ACTIONS D'ÉCLAT.	DÉCORATIONS.
Grenadier...............	Engagé volont. au 13ᵉ bat. des Vosges.	2 août 1792.	A fait les campagnes de 1792 et 1793 à l'armée du Rhin des ans II, III, IV, V, VI, VII, à la défense des côtes de l'Océan, embarqué pour la 2ᵉ expédition d'Islande, le 18 vendémiaire an VII, débarqué à Rochefort le 20 mai suivant. A fait la campagne d'Italie en l'an VIII et IX, au camp de Brest les ans XII à 1805, Les campagnes de 1807, 1808, 1809 et 1810, en Espagne et en Portugal de 1811 à la Grande Armée, de 1815 à l'armée du Nord.	Renversé et couvert de terre par un obus à Marengo, le 22 novembre 1800, laissé pour mort, prisonnier de guerre par les Anglais le 7 octobre 1811 à Coïmbre en Portugal. Blessé d'un coup de feu le 12 mai 1809 à la retraite d'Oporto. Blessé d'un coup de boulet au bras gauche, et au côté gauche le 25 mars 1814 à La Fère-Champenoise.	Chevalier de la Légion d'honneur le 2 avril 1814. Officier de la Légion d'honneur le 18 mai 1815.
Sergent-major...........	Idem.	12 vendémiaire an III.			
Idem.	Dans la 157ᵉ demi-brig. (à sa form.).	23 messidor an III.			
Passé en ladite qualité.....	A la 70ᵉ demi-brig. (à sa formation).	5 nivôse an V.			
Adjudant sous-officier.....	Idem.	1ᵉʳ vendémiaire an IX.			
Sous-lieutenant...........	Idem.	1ᵉʳ pluviôse an IX.			
Lieutenant..............	Idem.	9 vendémiaire an XII.			
Capitaine.............	Idem.	2 janvier 1809.			
Chef de bataillon.........	Idem.	7 janvier 1814.			

Pour copie conforme :
Le Sous-Intendant militaire,
Signé : CLAVEL.

Toutefois, l'armée du Rhin et de la Moselle ne s'avançait pas ; Custine, encore tout abattu de sa retraite, avait hésité pendant les mois d'avril et de mai, il avait besoin de cavalerie, disait-il, pour soutenir dans les plaines du Palatinat les efforts de la cavalerie ennemie, il lui fallait attendre que les seigles fussent assez avancés pour en faire du fourrage, et alors il marcherait au secours de Mayence.

Mayence est une ville importante, placée à l'embouchure du Mein, sur la rive gauche du Rhin, forme un grand arc de cercle, dont le Rhin peut être considéré comme la corde ; le faubourg considérable de Cassel jeté sur l'autre rive communique avec la place par un pont de bateaux, l'île de Petersau, située au-dessous de la Ville, remonte dans le fleuve. La Ville n'est protégée du côté du fleuve que par une muraille en briques, mais du côté de le terre, elle est extrèmement fortifiée.

Telle était Mayence en 1793, la garnison s'élevait à 20.000 hommes, parce que le Général Schal, qui devait se retirer avec une division, avait été rejeté dans la place et n'avait pu rejoindre Custine. Ce corps était précisément celui du jeune Follin qui avait été dirigé momentanément sur Mayence.

Les vivres n'étaient pas proportionnés à la garnison, parce que l'on était dans l'incertitude de garder cette place, les grains ne manquaient pas.

mais on prévoyait que si les moulins du fleuve étaient détruits, la mouture serait impossible.

Le 30 mai, les français résolurent une sortie sur Marienbourg, où était le roi Frédéric. Favorisés par la nuit, 6,000 hommes pénètrent à travers la ligne ennemie, s'emparent des retranchements, mais l'alarme répandue leur mit toute l'armée sur les bras, ils rentrèrent après avoir perdu beaucoup de leurs braves.

Le roi de Prusse, courroucé, fit couvrir la place de feux. Ce jour même le général Meunier faisait une nouvelle tentative sur l'une des Iles du Mein.

Blessé au genou, il expira le lendemain, toute la garnison assista à ses funérailles; le roi de Prusse fit suspendre le feu pendant qu'on rendait les derniers honneurs à ce héros, et le fit saluer d'une salve d'artillerie.

De grands convois transportant l'artillerie de siège étaient arrivés aux Prussiens, la détresse était au comble chez les assiégés, les moulins avaient été incendiés.

Les représentants et les généraux enfermés dans Mayence, pensant qu'il ne fallait pas pousser les choses au pire, puisqu'on était sur le point de manquer de tout et d'être obligé de rendre la garnison prisonnière, qu'au contraire en capitulant, on obtiendrait la libre sortie, avec les honneurs de la guerre, et que l'on conserverait 20.000 hommes, devenus les plus braves soldats du monde, sous Kléber et Dubayet, décidèrent qu'il fallait rendre la place.

Le Roi de Prusse fut facile, il accorda la sortie avec armes et bagages ; quand la garnison défilait, Frédéric, plein d'admiration pour sa valeur, appelait par leurs noms les officiers qui s'étaient distingués pendant le siège, et les complimentait avec courtoisie.

Tel fut ce grand siège auquel prit part notre jeune Follin.

M. Follin, nommé sergent-major le 12 vendémiaire, an III, passe à l'armée des côtes de l'Océan, dans la 157ᵉ demi-brigade, au moment de sa formation, le 23 messidor, première expédition d'Irlande.

Il séjourna à l'armée de l'Océan pendant les ans IV, V, VI et VII. Son corps est désigné pour faire la campagne d'Italie pendant les années VIII et IX.

Marengo (23 prairial an VIII). Il a eu l'honneur d'assister à cette immortelle *entreprise* qui devait prendre place dans l'histoire à côté de la grande expédition d'Annibal (Thiers).

Il entre dans le village de Marengo, comme faisant partie du corps commandé par le général Victor, composé des divisions Gardamme et Chambarlhac, qui le 13 mai avait fait séjour dans cette localité ; le 14, à la pointe du jour, les Autrichiens franchissent la Bormida, mais le général Oreilly passé le premier rencontra la division Gardamme, que le général Victor avait porté en avant, elle dut se replier devant la nombreuse artillerie qui appuyait le général Autrichien.

Il s'avança sur le ruisseau, protégé par 25 pièces d'artillerie qui foudroyaient les français, il se jeta bravement dans un lit du Fontanone, à la tête de la division Belgarde.

Le général Rivaud sortit aussitôt de l'abri du village, se mit à fusiller à bout portant les Autrichiens qui essayaient de déboucher. Un combat des plus violents s'engagea le long du Fontanone; c'est dans cette action que notre sous-lieutenant fut blessé, le commandement de la compagnie lui était échu en l'absence des officiers tués ou blessés. Il était au premier rang à la tête de ses hommes lorsqu'il fut renversé et couvert de terre par un obus, ses soldats le croyaient perdu, il s'est heureusement relevé sans blessure grave.

Il était 10 heures du matin, le carnage avait été horrible, une partie des troupes de Victor était accablée par le nombre, on croyait tout perdu.

Mais un renfort de troupes nouvelles vint changer la situation et donner au grand capitaine la possibilité de ressaisir la victoire.

En effet, à la chute du jour, la bataille était gagnée et l'infortuné Baron de Mélas, Général en chef des armées ennemies, était accouru au bruit de ce désastre, et n'en pouvait croire ses yeux, il était au désespoir.

Telle fut cette sanglante bataille à laquelle assistait notre lieutenant; elle a exercé bientôt une immense influence sur les destinées de la France.

Ce corps d'armée dut rester en Italie pendant les années VIII et IX.

Appelé ensuite à la formation du camp de Brest, il y séjourna les ans XII, XIII et XIV.

A la fin de 1806, il fut envoyé aux armées d'Espagne et de Portugal, où il soutint les différents combats livrés en 1807, 1808. 1809 et 1810.

Campagnes d'Espagne et de Portugal

Prise d'Oporto, bataille de Busaco. Coïmbre.

M. Follin faisait partie du 3ᵉ corps d'armée, envoyé comme auxiliaire du Roi Joseph ; ce corps, dit de la grande armée, était lui-même divisé en trois brigades sous le commandement des maréchaux Victor, Mortier et Ney.

Il fut nommé capitaine le 2 Janvier 1809, après avoir le 20 décembre 1808 fait partie des divisions Marchand et Maurice Mathieu, sous le commandement de Ney qui venaient d'opérer le passage du Guadarrama pour franchir la frontière du Portugal.

L'armée déboucha sur trois colonnes, le corps de Reynier, amené du versant sud de l'Estrella sur le versant nord, devait rejoindre l'armée à Célorico. Ney marchant par la voie directe formait le centre et Junot avec le 8ᵉ corps, devait passer par Pinhel.

Les premiers pas faits dans ce funeste pays justifièrent tout ce qu'on avait craint, on s'attendait à le trouver aride, mais il était, de plus, dévasté par le fer et le feu. Tout ce que la population n'avait pas détruit, les Anglais s'étaient chargés d'achever la besogne.

Le Maréchal Soult partit de Briga le 27 Mars, arrivait le 29 devant Oporto, il fut frappé des difficultés à vaincre, mais il ne doutait pas de les surmonter toutes avec les soldats qu'il commandait. Ses ouvertures près du gouverneur demeurent sans effet et il résolut de livrer l'assaut ce jour même, 29 mars. Il fallait contre l'ennemi une attaque vive et vigoureuse pour emporter les retranchements d'Oporto.

Le Maréchal marcha rapidement en trois colonnes ; au signal donné, la cavalerie partant au galop, balaya les postes avancés, les retranchements furent partout enlevés. Le général Delaborde ayant pénétré dans les rues au pas de course arriva au pont du Duro.

La cavalerie ennemie confondue avec la population fugitive, se pressait sur ce pont de bateaux, essuyant la mitraille que les Portugais lançaient de l'autre rive.

Le pont cédant sous le poids de la foule, s'abima avec tout ce qu'il portait.

Le maréchal Soult fit de son mieux pour rétablir l'ordre ; cette attaque importante lui avait coûté 3 ou

400 hommes et en avait coûté 9 à 10.000 aux Portugais, elle lui a valu en outre 200 bouches à feu.

Le 12 Mai, après une surprise de l'armée Anglaise, résigné qu'on était de quitter Opporto, il devenait inutile de disputer au prix d'une immense effusion de sang, une ville qu'on aurait été obligé de reconquérir rue par rue.

C'est dans cette nouvelle attaque des Anglais que le capitaine Follin fut blessé d'un coup de feu à la partie gauche.

Le 17 Septembre, Masséna ralentit la marche du 6e corps, il arrêta le gros de l'armée à Juneaïs sur la route de Viseu. Il s'agissait de savoir quelle route on suivrait dans cette vallée du Mondego ; que Masséna passât à droite ou à gauche du Mondego pour se rendre à Coïmbre, il avait de nombreuses difficultés à vaincre.

Après avoir pris l'avis de ses généraux, Masséna jugea convenable d'attaquer l'ennemi par la Sierra de Murcelha et par celle d'Alcoba qui viennent se joindre sur le bord de Mondego au-dessus de Coïmbre, parce qu'elles lui offraient l'une et l'autre le champ de bataille désiré. La Sierra d'Alcoba se reliant à celle de Caramula, formait vers la Chartreuse de Busaco une ligne courbe que devait enlever le maréchal Ney. A la pointe du jour, Reynier entra le premier en action, aussitôt arrivé, il se jeta sur le 8e portugais qu'il culbuta, et à qui il enleva son artillerie, après divers combats à gauche et à droite. Masséna se décida à suspendre l'attaque, il jugea comme général en chef que c'était assez d'avoir perdu 4500 hommes, morts ou blessés. Ce fut dans la soirée du 29 que le général anglais s'aperçut du mouvement de l'armée française débouchant dans la plaine de Coïmbre.

Lorsque les français entrèrent à Coïmbre, ils trouvèrent la population en fuite ; la plupart des maisons avaient été dévastées par les Anglais. Le général assembla les principaux habitants qui étaient demeurés, leur recommanda ses blessés et promit de payer largement les soins qu'on aurait pour eux.

C'est ainsi que le capitaine Follin, blessé à la bataille de Busaco livrée le 27 septembre, fut transféré à l'hospice de Coïmbre. Masséna fut obligé de se replier sur le Tage pour surveiller le revers de l'Estrella contre les irruptions des insurgés et le retour offensif des Anglais, qui avaient envahi Coïmbre, et fait prisonniers sans les égorger les blessés que nous avions laissés dans cette ville (7 octobre 1810). De là, la privation pour l'armée d'un soldat tel que le capitaine Follin jusqu'au 12 décembre 1813.

Combat de la Fère Champenoise

Après avoir assisté à ces grandes batailles, le capitaine Follin fut enfin nommé chef de bataillon le 17 janvier 1814.

Les maréchaux Marmont, Ney et Victor étaient accourus à Chàlons pour entendre l'empereur sur les ressources qui lui restaient, pour arrêter la marche envahissante de Blücher et de Schwartzenberg. Ils sont consternés d'apprendre que Napoléon n'amenait aucunes forces à sa suite ; les maréchaux Marmont et Mortier que Napoléon avait laissés sur l'Aisne, essayent de le rejoindre à Chàteau-Thierry.

Le 25 mars au matin, les armées coalisées, abandonnant au général Wintzingerode la poursuite de Napoléon, prirent le chemin de Paris, Blücher s'avançait à droite de la Marne et Schwartzenberg à gauche. 20,000 hommes de cavalerie précédaient les deux colonnes. Dès que le maréchal Marmont vit l'orage se diriger de son côté, il comprit que l'ennemi délaissait Napoléon pour se porter sur Paris, il rebroussa chemin vers Sommesous, route de Fère-Champenoise.

A peine avait-on fait quelques mille mètres, que l'on fut assailli par une masse effrayante de cavalerie, les deux maréchaux se réfugièrent dans une position qui leur permettait de résister pendant un certain temps.

Sur ces entrefaites, le temps mauvais étant devenu pire, une grêle abondante chassée dans les yeux de nos artilleurs, leur ôtant presque la vue des objets, les russes à cheval s'élancèrent sur les cuirassiers de Bourdesoulle, les refoulèrent sur notre infanterie. La jeune garde ayant formé ses

carrés en toute hâte, mais privée de ses feux par
la pluie, ne put arrêter l'ennemi et deux carrés
de la brigade Jamin furent enfoncés. Ce n'était pas
tout que de disputer pendant deux heures le terrain qui s'étendait entre les ravins de Vassimont
et de Connantray, il fallait défiler à travers le
village de Connantray, où passait la grande route
de Fère-Champenoise. Or, tandis que la cavalerie
ennemie nous chargeait de front, une partie ayant
franchi le ravin galopait sur nos derrières ; on se
retira sur Fère-Champenoise avec une certaine
confusion.

Cette échauffourée, où le mauvais temps se faisait l'allié d'un ennemi dix fois plus nombreux,
avait paralysé la résistance des soldats français,
elle coûta environ 3,000 hommes et beaucoup d'artillerie. C'était une perte cruelle !

Le général Pacthod qui avait cherché à rejoindre les maréchaux, s'était porté au-devant de Fère-
Champenoise, et s'était avancé jusqu'à Villese-
neux ; ayant appris là leur mouvement rétro-
grade, il revenait poursuivi par la cavalerie ennemie et se dirigeait sur Fère - Champenoise au
moment même où Mortier en sortait.

Le général Pacthod qui ne se flattait plus d'y
arriver, avait pris le parti de se retirer vers Pierre
Morains. Il marchait avec 3,000 gardes-nationaux
formés en cinq carrés et avait été contraint de se
réfugier dans un fonds couronné de tous côtés par
les ennemis, qui bientôt, croisèrent leurs feux sur

les carrés du général Pacthod, deux de ces carrés
chargés de faire l'arrière-garde furent sabrés jusqu'au dernier homme, se refusant toujours sous des
flots de mitraille à mettre bas les armes.

L'empereur Alexandre accourant sur les lieux,
touché de tant d'héroïsme, envoya par un de ses officiers l'ordre de les sommer en son nom de se rendre,
et alors ce qui en restait se rendit à lui.

Cette cruelle journée de Fère-Champenoise que les
coalisés ont décoré du nom de bataille, et qui ne
fut que la rencontre fortuite de deux cent mille
hommes avec quelques corps égarés qui se battirent
dans la proportion d'un contre dix, nous coûta six
mille hommes morts ou blessés.

C'est dans cette terrible affaire du 25 Mars que le
chef de bataillon Follin a été enlevé de son cheval
et jeté à cinq mètres, par un boulet qui l'avait
blessé au côté gauche, en lui cassant le bras gauche
en trois endroits et en lui enlevant sa montre ; on a
considéré comme une chose étonnante que les soins
du major aient pu le rappeler à la vie, car il gisait
alors comme une masse inerte.

On est surpris de voir le commandant Follin sur-
vivre à ses blessures et à toutes les chances de mort
qu'il a courues et dans lesquelles le sort lui a été
favorable, car, dans cette année 1814, il s'est trouvé
au feu le 19 janvier à Brienne, le 10 février à
Champaubert, le 11 et le 12 à Montmirail et Château-
Thierry, le 18 à Montereau, le 20 mars à Arcis-sur-
Aube, le 26 à Saint-Dizier, puis à la défense de Paris.

Enfin, après le retour des Bourbons, il fut incorporé à l'armée du Nord, à sa formation le 1er juin 1815 ; il passa la Sambre, fit partie des troupes entrées à Charleroy, mais on ignore s'il a assisté aux divers combats livrés les 15, 16, 17 et 18 juin, dits de Waterloo.

Le commandant Follin, chevalier de la Légion d'honneur du 2 avril 1814 a été promu au grade d'officier le 18 mai 1815.

Rentré dans la vie civile, il consacra toute sa vigueur et son activité aux affaires de sa commune et à celles de ses concitoyens.

FLORIOT

Vélite de la garde impériale.

1806. Incorporé aux vélites de la garde Impériale, devenu sous-lieutenant au 34e de ligne, il assistait à cette terrible bataille de Friedland, livrée le 14 juin 1807. Le maréchal Lannes voulant informer l'Empereur que dans la journée du 13, les Russes au nombre de 75,000 hommes étaient retenus sur la lisière de la forêt de Sortlack, et que leur cavalerie ne pouvait dépasser le village de Heinrichsdorf, que dès lors cette armée était maintenue au pied de nos positions, avait envoyé tous ses aides-de-camp l'un après l'autre en leur ordonnant de crever leurs chevaux pour le rejoindre. Ils l'avaient trouvé accourant sur Friedland et plein d'une joie qui éclatait sur son visage.

C'est aujourd'hui le 14 juin, répétait-il à chacun, c'est l'anniversaire de Marengo, c'est un jour heureux pour nous ! Napoléon, devançant ses troupes de toute la vitesse de son cheval, avait traversé les longues files de la garde du corps de Ney et du corps de Bernadotte. Il avait salué en passant la belle division Dupont.

La présence de l'empereur à Posthenen remplit d'une ardeur nouvelle ses soldats et ses généraux. Lannes, Mortier, Oudinot étaient là depuis le matin et Ney qui arrivait, l'entourèrent avec empressement. Napoléon, promenant sa lunette sur cette plaine où les Russes acculés dans le coude de l'Alle, essayent vainement de se déployer, juge bien vite leur périlleuse situation, et l'occasion unique que lui présentait la fortune.

La journée était fort avancée et on ne pouvait pas réunir toutes les troupes françaises avant plusieurs heures. Aussi pour cette raison, quelques lieutenants de Napoléon pensaient-ils qu'il fallait remettre au lendemain pour livrer une bataille décisive. Non, non, répondit Napoléon, on ne surprend pas deux fois l'ennemi en pareille faute. Jeter les Russes dans l'Alle était le but que tout le monde assignait à la bataille.

L'empereur entouré de ses généraux leur expliqua avec force et précision le rôle que chacun avait à

FLORIOT (Charles-François-Nicolas),
né le 5 mars 1788 à Lamarche (Vosges).
(Cousin germain du maréchal Duc de Bellune.)

GRADES.	CORPS de DESTINATION.	DATES.	CAMPAGNES, batailles, ARMÉES.	BLESSURES.	DÉCORATIONS
Vélite de la garde impériale...	Engagé volontaire	5 mars 1806.	D'Allemagne.		
Sous-lieutenant ...	Au 34e de ligne.	14 juillet 1807.	Assiste à la bataille de Friedland.	Blessure au bras gauche.	
Lieutenant après le siège de Tarrag...	Parti pour la guerre d'Espagne	1870.	Présent au siège de Sarragosse.		
	Armée d'Aragon	21 juin 1811.	Présent au trois assauts de Tarragone.	Blessé de quatre coups de feu au 1er assaut, de trois autres coups à la porte Saint-Jean, laissé pour mort.	Porte cinq fois chevalier de la Légion d'honneur. 21 juin 1811. Chevalier de Saint-Louis, 1816.

remplir. Saisissant par le bras le maréchal Ney et lui montrant Friedland, les ponts, les russes accumulés en avant : voilà le but, lui dit-il, marchez sans regarder autour de vous, pénétrez dans cette masse épaisse, quoi qu'il puisse vous en coûter, entrez dans Friedland. Ney, bouillant d'ardeur, trop fier d'une tâche aussi redoutable qui lui est confiée, partit au galop pour disposer ses troupes devant le bois de Sortlac. Frappé de son attitude martiale, Napoléon s'adressant à Mortier, lui dit : « Cet homme est un lion. »

Pour recommencer le feu, l'empereur voulut qu'on attendit le signal d'une batterie de vingt pièces de canon placée au-dessus de Posthenen.

Le général russe, frappé de ce déploiement, reconnaissant l'erreur qu'il avait commise, était surpris et hésitant. Enfin, le moment convenable, lui paraissant arrivé, l'empereur donna le signal. On marcha résolument sur les russes, on leur enleva le village de Sortlack, si longtemps disputé ; les dragons de Latour-Maubourg et les cuirassiers hollandais chargeant la cavalerie, poussèrent la masse sur l'Alle et en précipitèrent un grand nombre dans le lit profond de cette rivière, quelques-uns se sauvèrent à la nage. Ce malheureux général Benningsen rempli de douleur était accouru auprès de cette division afin de la porter sur la rivière au secours de son armée ; à peine quelques débris de son aile gauche ont-ils passé les ponts, que ces ponts sont détruits. Ney et Dupont après avoir rempli leur tâche, se réunirent au milieu de Friedland en flammes et se félicitèrent de ce glorieux succès. C'est dans cette grande bataille que notre sous-lieutenant fut blessé au bras gauche.

Vers la fin de 1808, le corps d'armée dont faisait partie le lieutenant Floriot est envoyé en Espagne, à la suite du maréchal Victor qui avait reçu la mission de se rendre en ce pays.

Bien des combats glorieux pour nos armes ont été livrés en ce royaume d'Espagne, dans le courant de 1809 et de 1810, dans lesquels le lieutenant Floriot a toujours été blessé plus ou moins grièvement.

A la date du mois de Mai 1811, des évènements de la plus haute gravité se passaient en Catalogne et en Aragon à l'armée de Suchet, ce général avait conduit avec précision et vigueur les sièges de Lérida, de Mequinenza et de Tortose. il avait terminé la conquête de l'Aragon par la prise de Girone ; toutefois, il restait Tarragone, la plus importante des places de cette contrée, puisqu'elle joignait à sa force l'appui de la mer et des flottes anglaises ; elle servait de soutien, d'asile, d'arsenal inépuisable à l'armée insurrectionnelle de Catalogne. Il était donc urgent de l'assiéger et de la prendre.

Le général Suchet avait fait dans ce but d'immenses préparatifs.

Il avait des approvisionnements considérables à Lérida, et un superbe parc d'artillerie à Tortose avec un attelage de 1500 chevaux.

Le général laissa 20,000 hommes à la garde de la province et en destina 20,000 au grand siège qu'il allait entreprendre, c'est avec cette force qu'il marcha en deux colonnes sur Terragone, l'une sous le général Harispe, l'autre sous le général Habert, toutes deux refoulèrent l'ennemi dans les ouvrages de la place.

Tarragone bâtie sur un rocher, d'un côté baignée par la Méditerranée et de l'autre par le ruisseau de Francoli, se divisait en ville haute et ville basse ; la ville haute entourée de vieilles murailles romaines et d'ouvrages modernes ; la ville basse située au bas de la ville haute, sur des terrains plats arrosés par le Francoli. Au-dessus de l'amphithéâtre formé par les deux villes on voyait un fort dit l'Olivo bâti sur un rocher, dominant tous les environs de ses feux. 400 pièces de gros calibre garnissaient ces trois étages de fortification ; 18,000 hommes de troupes excellentes avec un bon gouverneur, le général de Contreras formait la garnison, qu'une population fanatique était résolue à seconder de toutes ses forces ; jamais siège ne s'était présenté sous un aspect plus effrayant.

De quelque façon qu'on abordât Tarragone, on la trouvait également difficile à attaquer. Tant de difficultés ne rebutèrent pas le général Suchet qui regardait Tarragone comme le gage le plus certain de la sécurité de la Catalogne et de l'Aragon.

Après avoir conféré avec ses principaux lieutenants, le général Suchet résolut d'attaquer la place par deux côtés à la fois, par les terrains bas du Francoli, portant la ville basse, qu'il était nécessaire de prendre avant de songer à attaquer la ville haute.

Le 21 juin au matin, au moment où l'on se réjouissait à Badajoz d'avoir été délivré par les deux maréchaux réunis, une scène épouvantable se préparait sous les murs de Tarragone. A un signal donné, toutes les batteries commencèrent le feu et la place répondit par un feu plus vigoureux. La plus rude bataille n'agite pas l'air par des bruits plus terribles qui retentissent devant la place assiégée. Le colonel Riei fut presque enseveli sous les terres par l'explosion de son magasin à poudre, mais promptement dégagé, il fit recommencer le feu. L'infanterie impatiente de monter à l'assaut pressait de ses cris l'artillerie ; le soir, trois brèches furent jugées praticables. Le général Suchet et les officiers qui l'aidaient de leurs conseils, étaient décidés de risquer dans un assaut général le sort du siège ; dès lors, il donna le commandement de l'assaut au général Palombini, de service à la tranchée ce jour-là, et mit sous ses ordres 1,500 grenadiers avec des sapeurs munis d'échelles.

Le soir à sept heures, le ciel resplendissant encore de lumières, trois colonnes s'élancent à la fois sur les trois brèches, la première composée d'hommes d'élite des 116e 117e et 121e. Sous les ordres du colonel du génie Bouvier, se porte vers la brèche du bastion des Chanoines. Après une lutte des plus

vives, elle parvient au sommet de la brèche, refoule
les Espagnols, en est repoussé à son tour, mais
revient à la charge et se maintient avec acharne-
ment, une centaine de grenadiers lancés à droite
emportent cet ouvrage. Pendant ce temps, une
seconde colonne sous le chef de bataillon Fondzelski,
composé d'hommes d'élite, se précipite sur le bastion Saint-Charles, y rencontre une résistance opi-
niâtre, mais appuyé par la 3ᵉ colonne, colonel
Bourgeois, elle se soutient sur la brèche et finit
par en demeurer maîtresse.

Fondzelski poursuit les Espagnols à travers la
basse-ville, enlève les coupures des rues et se bat de
maison en maison ; le général Garfield, accouru à
la tête d'une réserve, se précipite avec fureur sur
la colonne de Fondzelski, qui avait déjà envahi la
moitié de la ville-basse. Cette colonne se réfugie
alors dans les maisons et s'y défend en attendant
qu'on vienne à son secours ; l'aide-de-camp du général en chef, M. de Rigny, amène une réserve,
repousse les soldats de Sarfield, en passe par les
armes ou en jette à la mer la plus grande partie,
repousse l'autre aux portes de la ville, quelques-
uns de nos soldats se font tuer devant les murailles
de la ville haute, à force d'audace.

L'assaut commencé à sept heures était fini à huit.
Nous avions en notre possession cent bouches à feu,
une immense quantité de munitions, peu de prisonniers, mais beaucoup de morts et de blessés, les bas-
tions Saint-Charles et des Chanoines, le fort Royal,

le port et les batteries qui le fermaient. Sans perdre de temps on commence à tirer sur l'escadre anglaise qui mit aussitôt à la voile en nous saluant de ses feux. Après ce rude combat, on s'occupa de compter les pertes. Pour en revenir à ce qui est de parti.culier au héros de notre récit, nous dirons que le lieutenant Floriot avait déployé beaucoup de courage et d'énergie dans les différentes actions tentées dans cette journée du 21 juin, si néfaste pour lui. En allant au feu et à l'assaut de Tarragone il était déjà criblé de blessures, on prend d'assaut le faubourg de cette ville, il y reçoit quatre coups de feu, le premier est une balle qui lui traverse le bras au-dessous de l'épaule, il ne continue pas moins à commander sa compagnie malgré cette grave blessure, elle ne fait qu'animer davantage son ardeur et le porte à pousser l'ennemi jusqu'à la porte Saint-Jean. C'est en voulant pénétrer par cette porte qu'il reçut trois autres coups de feu, si funestes qu'ils furent la cause de l'extraction du tibia et la perte du talon de la même jambe; il fut laissé pour mort au moment de l'action, à dix heures du soir. Et chose facile à constater, si le lieutenant Floriot se fût retiré du champ de bataille après sa première blessure, il était sauvé et conservait son épée pour d'autres combats.

Mais le sort en avait décidé autrement. Dans cette terrible situation, il se traîna à plus de 600 mètres à l'entrée du faubourg. Recueilli par des soldats il fut porté à l'ambulance, de là il fut trans.

porté par ordre du maréchal Suchet, dans le couvent de Saint-Vincent-de-Paul ainsi que six autres soldats blessés comme lui ; mais bientôt ce couvent est le point de mire d'une bande d'assassins espagnols qui pénétrèrent dans les salles des malades avec l'intention de les égorger. C'est là qu'une fille céleste, une sainte, sœur Vincenta Moléna, supérieure de cet asile, se précipite au-devant de ces forcenés, qu'elle calme et désarme par ces paroles courageuses : « Tirez, si vous l'osez, je périrai la « première ; ne vous déshonorez pas par un lâche « assassinat. » Les armes s'abaissèrent devant l'attitude de cet ange tutélaire. C'est ainsi que le lieutenant Floriot et ses compagnons d'infortune furent sauvés et rendus à la vie après quinze mois de souffrances, et c'est aux soins et à la grande intelligence des dignes sœurs de cet Hospice qu'ils ont pu revoir leur patrie, car mutilés comme ils l'étaient tous et M. Floriot surtout, ils ne devaient pas revenir.

Aussi pendant sa carrière, Floriot a-t-il conservé un religieux souvenir et le sentiment d'une reconnaissance qui ne devait finir qu'avec la vie, et l'expression d'une gratitude sans bornes pour le dévouement des vertueuses filles de Saint-Vincent-de-Paul de la ville de Reuss auxquelles il écrivit en 1823.

Ainsi notre Lieutenant a échappé presque miraculeusement à la mort ; on lui a même laissé la jambe qui était condamnée.

Il reçut à Gironne, une lettre de son chef, lo Colonel Arbos, en date de Valence (Espagne), le 5 avril 1812. Cette lettre flatteuse renferme le passage suivant : « Mon cher Floriot, je n'ai pu me défendre de ressentir de la douleur en pensant à vos souffrances et à notre séparation; il est bien malheureux, à votre âge, d'être obligé d'abandonner une carrière où vous avez si glorieusement débuté. Recevez, etc. Arbos. »

Notre Lieutenant était fort modeste, il avait été porté cinq fois comme Chevalier de la Légion d'honneur après cinq actions différentes et on ne l'informait pas de sa nomination ; il a été porté à l'ordre de l'armée au siège de Tarragone, où il a été frappé de quatre coups de feu, et au moment où porté à l'ambulance pour subir l'amputation, il exprimait sa pensée, à savoir s'il pourrait encore servir son pays. Ces sentiments furent reportés au Maréchal Suchet, qui dit à son entourage : « Je connaissais déjà son dévouement, avec » de tels officiers on va loin, quel dommage de » les perdre si jeunes ! »

En 1814, M. Floriot se rendit à Paris pour solliciter un emploi qu'il pouvait encore remplir, à cet effet, il est allé trouver le Maréchal Duc de Bellune, dont il était le cousin germain, puisque — Madame Floriot la mère était la sœur du Maréchal. A ce sujet il lui remit une lettre de recommandation pour le Ministre de la guerre, en voici la teneur :

Paris, le 1ᵉʳ Janvier 1814.

Monsieur le Ministre,

L'officier qui aura l'honneur de vous remettre cette lettre, est mon cousin germain, je m'y intéresse vivement,
moins à cause de la parenté que de ses excellentes qualités.
Il s'est distingué dans toutes les campagnes de l'armée
d'Espagne, et son intrépidité s'est fait remarquer. Après
avoir été couvert de blessures, mis hors d'état de continuer
le service, il a obtenu sa retraite le 11 octobre 1813 ; cette
retraite est insuffisante pour le faire vivre honorablement,
et il serait désirable qu'il pût y joindre un emploi et particulièrement dans l'administration du service. Son éducation, son zèle et son intacte probité, me garantissent qu'il
s'en acquittera avec distinction.

Je vous prie, Monsieur le Comte, de vouloir bien l'hono-
rer de votre bienveillante protection, votre Excellence m'o-
bligera personnellement.

Permettez-moi de vous réitérer les assurances de mon
sincère attachement. Le Maréchal Duc de Bellune.

En 1816, le Lieutenant Floriot, en présentant
ses devoirs au général en chef qui commandait
son corps en Espagne, le Maréchal Suchet, lui
donnait des nouvelles de son existence et de la
manière miraculeuse qui lui a sauvé la vie par
l'énergie et le courage des sœurs de Saint-Vincent-
de-Paul, qui le sauvèrent du poignard des bri-
gands Espagnols.

Voici la réponse qu'il fit à cette lettre :

Paris, le 11 Janvier 1817.

« Je me rappelle avec plaisir votre glorieuse conduite, et
»je vous remercie de m'en retracer les traits qui honorent
» votre courage et votre présence d'esprit. Lorsque je serai à

» même de publier des mémoires militaires pour consacrer
» les glorieux travaux des braves que j'ai été assez heureux
» de commander, je ne manquerai pas de signaler à l'his-
» toire, les traits que vous me rappelez.

» Je vous prie de me faire connaître votre position, car
» je prendrai toujours un intérêt véritable aux braves qui
» ont mérité d'être distingués parmi les braves de l'armée
» d'Aragon. Maréchal Suchet, Duc d'Albufera. »

Ces lettres sont très flatteuses pour M. Floriot, elles font connaître d'une manière certaine les services qu'il a rendus, d'autres lettres de généraux en chef et de M. le Maréchal Bugeaud, Duc d'Isly, notamment, affirment la bravoure et la distinction de leur Lieutenant.

Ainsi qu'il a été dit précédemment, Floriot est rentré dans sa patrie au commencement de 1813, comme par miracle, car il ne croyait plus revoir le foyer paternel avec les souffrances qu'il endurait et les soins qu'il avait à donner constamment à ses blessures; toutefois il lui était réservé de rendre encore des services à son pays en l'administrant et aux douleurs physiques qui l'accablaient s'ajoutaient encore des peines morales, résultant de sa gestion des affaires civiles, au milieu des troubles.

Ayant recouvré la santé lors de notre révolution de 1830, M. Floriot fut nommé Maire de la Ville de Lamarche en 1831, administration qu'il conserva jusqu'à la révolution de 1848.

Pendant sa gestion il a obtenu pour sa Ville natale, des améliorations et des avantages positifs. Pour en énumérer quelques-uns seulement; nous rappellerons que l'école des garçons construite en partie par M. Floriot, son frère, fut achevée par lui en 1832. L'école des filles, le pensionnat des Demoiselles ont été bâtis en 1837, ainsi que les écoles de filles et garçons d'Oreilmaison en 1847. M. Floriot éprouvait avec raison une douce satisfaction, en pensant à la création de la salle d'asile, il avait été pénétré de ce sentiment de satisfaction, en pensant que les pauvres mères pourraient dès lors se livrer sans crainte à toutes les occupations agricoles et de ménage, quand elles se sont assurées que d'autres mères ont le soin de leurs enfants.

Dans le cours de son administration, M. Floriot a apporté à sa Ville quantité d'avantages résultant de sa bonne administration. C'est ainsi qu'il a amélioré les fontaines, la bonne fontaine et celle d'Oreilmaison, la chapelle de ce hameau, la couverture de l'église de Lamarche, la réparation de sa flèche avec l'adjonction d'un paratonnerre, le presbytère augmenté, il a fait construire le chemin qui relie Oreilmaison à la Ville, il l'a fait garnir d'arbres forestiers, il est en un mot converti en une jolie promenade; il a coopéré avec M. Floriot, son frère, à l'embellissement de la pépinière; il a fait planter des bosquets, des charmilles; il a obtenu que les foires soient plus fréquentées; il a beaucoup amélioré les chemins vicinaux, il les a fait aborner, notamment ceux de la Pugelotte, de Martigny et du sentier de Bourbonne, ils étaient alors dans un si mauvais état que leur réparation était une vraie création.

Dans le but de favoriser l'agriculture et de faciliter l'exploitation du territoire, il avait demandé au Conseil général, la création d'autres chemins, en un mot il a si bien mérité du pays au sujet de la création de ces chemins, que la Société d'émulation du département des Vosges lui a décerné en 1840 une grande médaille d'argent.

M. Floriot a fait fructifier les propriétés appartenant à la Ville, il a apporté des améliorations à l'exploitation agricole et industrielle de la Tuilerie avec progression du fermage, il a exposé un projet pour faire fructifier le sol inculte de la grande tranchée.

Enfin il présidait le Comice, et, en cette qualité, il a été plusieurs fois appelé à exposer ses vues et ses idées sur les réformes à apporter au régime de la culture ; nous avons vu avec plaisir dans les notes qu'il a laissées qu'il était très partisan de la nourriture à l'étable pour ne point perdre de fumier, qu'il souhaitait l'extension des prairies artificielles pour diminuer les frais d'exploitation et obtenir ainsi une plus grande production herbacée. Il en fit créer lui-même une certaine quantité et ses travaux en ce genre furent si remarqués, que lors du concours de 1855, dans l'arrondissement de Neufchâteau, la Société d'émulation des Vosges lui a décerné une médaille en

argent, pour la création de prairies artificielles;
il ne s'est pas uniquement attaché à ces sortes de
productions, il s'est appliqué aussi à la prairie
naturelle qu'il a fait progresser par des barrages
et des caniveaux sur les bords du Mouzon, notamment dans la grande prairie de Marimont.

Voilà quelle fut la vie honorable du capitaine
Floriot. Sa carrière militaire brisée si fatalement
à Gironne, il s'est adonné à l'administration de sa
ville natale, de laquelle il s'est occupé avec ardeur, et certes avec de grands avantages pour
elle.

Remplacé par l'effet de la révolution de 1848, il
a consacré son temps aux améliorations agricoles
du territoire de Lamarche, il a su faire produire
des terres vaines, il a étendu la zône des prairies
artificielles et a irrigué des prairies naturelles.

M. Floriot est mort en 1865, avec cette pensée
amère, qu'il laissait après lui quelques détracteurs
de son administration et de ses opinions, mais
avec les regrets bien sympathiques de ses concitoyens (1).

(1) M. Floriot, horriblement blessé et souffrant continuelle-
ment, n'avait pas moins conservé toutes ses affections pour
l'art militaire, il parlait souvent des batailles auxquelles il
prit part, il en faisait le récit à ses neveux et leur inspirait
de la sorte l'amour des armes ; ces jeunes gens enthousias-
més par une improvisation vive et attrayante, attendaient
avec impatience la fin de leurs études, pour devenir soldats ; c'est ainsi que M. Gaillot (Charles-François-Nicolas),
né à Serécourt le 15 décembre 1811, s'est engagé en 1832, au

52e régiment de ligne. est devenu capitaine de voltigeurs au même régiment. fit la campagne de Crimée. et sa conduite vaillante au siège de Sébastopol lui valut sa nomination de Chevalier de la Légion d'honneur le 14 septembre 1855. et la médaille de Crimée de la reine d'Angleterre. Le capitaine atteint d'une claudication très prononcée. suite de cette campagne. est venu habiter Épinal où il vit en retraite ; mais son activité lui fit rechercher une occupation utile. il devint membre du Conseil municipal. fonctions qu'il remplit avec grand intérèt. il s'est fait connaitre des chefs des administrations qui l'accueillirent avec une bienveillance marquée. de telle sorte. qu'avec ses accès faciles près des autorités. on le charge de démarches. de demandes. tous les Vosgiens le connaissaient comme très officieux ; aussi peut-on dire de lui avec raison. que pour beaucoup de ses concitoyens. il a il a été un héros de dévouement.

M. Floriot avait aussi un petit neveu. auquel il avait inspiré le goût des armes. il se nommait Thouvenin (Émile). arrivé à sa 18e année. il s'est engagé au 2e régiment du génie. en garnison à Metz. deux ans après. il entrait à St.-Cyr. d'où il sortit Sous-Lieutenant au 39e régiment de ligne : il était à la bataille de Coulmier avec son régiment. puis à celles de Patay et de Baume-la-Rolande. où commandait le général d'Aurelles de Paladines, il fut nommé Lieutenant ; harassé de fatigues par les marches incessantes que son corps a eu à soutenir. il est tombé malade. accablé par la fièvre. il fut envoyé à l'hôpital de Besançon. il y est mort malheureusement. à la fleur de l'âge avec des qualités bien appréciées de ses chefs. laissant à sa mère une de ces grandes douleurs qui ne peuvent s'éteindre qu'avec la vie.

Chardin, surnommé le capitaine moustache

Soldat terrible et valeureux, il a été, chose surprenante, protégé par la Providence dans 47 combats et 37 grandes batailles auxquels il prit part, il ne reçut que quelques blessures sans gravité, à Smolensk, à Wagram, à la Moskowa et à Wiesma.

M. Chardin (Joseph) est né à Fouchécourt, canton de Lamarche, le 7 mai 1775, il y est mort le 28 septembre 1839. Sa biographie est connue comme une légende, aussi nous ne rappelons ici que les principales actions dans lesquelles s'est trouvé cet homme de guerre.

Il est entré au service le 1ᵉʳ vendémiaire an II. Il fut fait caporal l'année suivante, sergent-major le 15 octobre 1806, adjudant le 8 mars 1807, sous-lieutenant le 23 avril 1809, lieutenant le 21 septembre 180., capitaine sur le champ de bataille, le 7 août 1812, Chevalier de la Légion d'honneur, le 12 octobre même année, officier de cette légion le 17 octobre 1813, sur le champ de bataille. Il fit la campagne d'Italie en 1799, d'Austerlitz en 1805, d'Iéna en 1806, d'Eylau en 1807, de Friedland. en la même année, de Wagram en 1809, de Witepsk en 1812, de Smolensk et de Moscowa en la même année, il a assisté à la prise de Moscou, à la retraite de Russie, à la bataille de Dresde en 1813.

Chardin était d'une intrépidité étonnante : on va en juger par le fait suivant :

Dans la retraite de Russie, le 17e de ligne, commandé par le Général Thaler, avait été laissé à Orcha, de l'autre côté du Borysthène, le 26 novembre, le régiment fut vivement attaqué. Chardin n'eut que le temps de réunir ses voltigeurs, ils étaient 90. A la faveur de quelques baraques qui couvraient sa marche, il se porta au devant de l'ennemi ; pour lui en imposer, il faisait des commandements de Général de Division, il fit sonner la charge, il s'empara de la hauteur — dominant la tête du pont établi sur le fleuve. L'ennemi battit en retraite, quoiqu'il eût des canons montés sur traineaux et au moins 20 hommes pour un. Chardin sauva ainsi le 17e de ligne, mais il eut la douleur de perdre ses voltigeurs ; il ne ramena à Erfurt, qu'un sous-officier, 1 caporal, 1 cornette et 3 voltigeurs, tous les autres s'étaient fait tuer, il recomposa sa compagnie avec 120 recrues.

C'est avec cette nouvelle compagnie que M. Chardin commença la campagne de 1813. Le 28 août, l'ennemi embusqué dans une forêt s'opposa à son passage. Il se rendait à Leipsig, on avait réuni 15 compagnies commandées par Vandamme, elles marchaient en silence, la compagnie du capitaine Chardin n'avait pas encore vu le feu ; arrivés près de l'ennemi, les voltigeurs tombèrent dans une ambuscade, ils furent fusillés et mis en pleine déroute. Chardin resta en place avec ses jeunes novices, à un moment donné il fit sonner la charge, sa compagnie se battit avec un rare courage et donna le temps aux 14 compagnies de se rallier. L'ennemi repoussé par cette volte-face, fut reçu par les voltigeurs du capitaine Chardin avec intrépidité. l'ardeur était telle que dans la fuite ils lui prirent 2 pièces de canon.

Dans cette campagne de 1813 la compagnie de M. Chardin fut renouvelée 4 fois, son effectif élevé à 275 hommes se trouva réduit à 65 lorsqu'il fut fait prisonnier.

L'Empereur fit demander à cet intrépide officier, ce qu'il préférait du grade de chef de bataillon ou de la croix d'officier de la Légion d'honneur. Chardin fut nommé officier sur sa demande.

Les Michaux armateurs

Senaide est le berceau d'une famille considérable, qui a donné au pays des hommes remarquables dans le Sacerdoce et le commerce maritime de la France, à nos comptoirs de l'Inde.

Michaux (Simon-François) naquit à Senaide en 1703 où il mourut le 4 mars 1764, laissant pour veuve Jeanne Michaux, sa cousine, qu'il avait épousée.

Charles Michaux, curé de Fresnes, assistait à ce décès et en signait l'acte en sa qualité de beau-frère, ce dernier était également le frère de M. François-Jean-Baptiste Michaux, curé de la paroisse de Lamarche, chanoine régulier de l'ordre de Saint-Augustin, fut nommé supérieur de la Trinité.

Simon-François Michaux a eu quatre fils de son union avec Jeanne Michaux, savoir : Étienne, Charles, François et Jean-Baptiste, ce dernier le plus jeune est né le 20 novembre 1771, il est resté à Senaide, au sein de la famille, exploitant ses terres.

Les trois autres sont devenus armateurs au cabotage de long cours. Étienne et François résidaient en France, ils entretenaient des relations commerciales avec Charles et lui adressaient leurs expéditions. Charles est décédé à Pondichéry, Étienne est mort à Senaide en 1830, chez Madame sa mère.

Au moment du blocus continental, ses vaisseaux chargés de marchandises furent saisis au port de Toulon, le matin même, le tout fut confisqué; par suite de cette saisie M. Étienne, avocat distingué à Chaumont, intenta un procès qui dura plusieurs années, et en définitive le perdit.

Étienne Michaux, Charles et François, obtinrent chacun un titre de noblesse, qui leur fut remis par leur oncle, curé de Fresnes. Étienne a été nommé Michaux de la Rozière; Charles, Michaux de Fraischamp; François, Michaux de Girondel, noms de trois cantons du territoire de Senaide.

Senaide contenait aussi autrefois d'autres illustrations; ainsi il y avait dans cette localité deux châteaux, d'abord celui de Dureau, habité en 1503 par le Comte d'Arberg ; la tradition rapporte que ce château a été démoli et les matériaux conduits à Fresnes, ont été employés à la construction de son église ; les terres formant le Domaine D'Arberg, ont été léguées par le comte, lui-même, aux communes d'Ainvelle et de Senaide.

Mais il ne reste aucune trace de la famille d'Arberg.

Le second château, celui du Cloître, appartenait en dernier lieu à une personne inconnue qui habitait Isches ; les anciens de Senaide se rappellent avoir vu encore la veuve de ce dernier propriétaire, venir en promenade à Senaide, quoique n'y possédant plus rien, le Domaine ayant été vendu par le Gouvernement probablement par suite de confiscation.

Il est regrettable de n'avoir pas trace des possesseurs de ces propriétés châtelaines.

Nancy. imp. Saint-Epvre. — Fringnel et Guyot.

DU MÊME AUTEUR

Carte agronomique de l'arrondissement de Nancy :

    Coloriée. . . . . 7 fr.

    Non coloriée . . . . 5 —

Album (6 cartes des cantons) . . . . 2 —

Biographie de Mathieu de Dombasle.

Biographie de Soyer Willemet.

En vente chez M. N. GROSJEAN, place Stanislas, 7

Nancy. — Imp. Saint-Epvre.

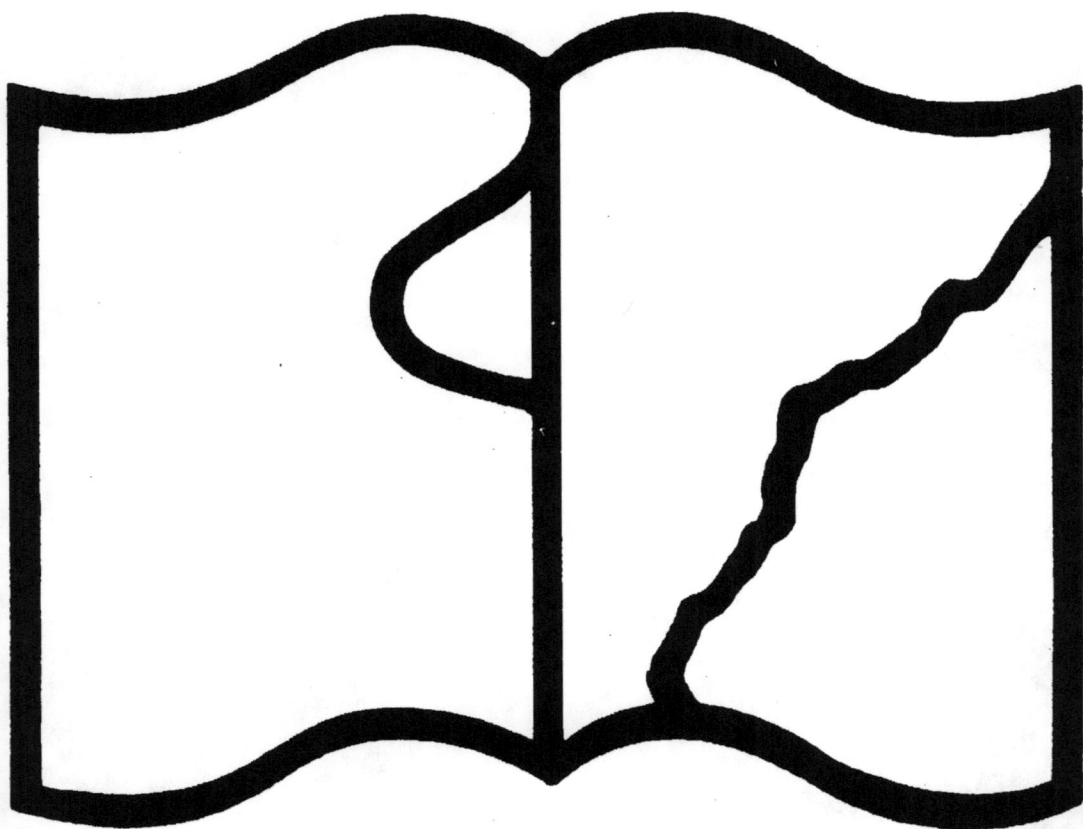

Texte détérioré — reliure défectueuse

NF Z 43-120-11